核心课程＋教学项目

浙江省中等职业教育机电技术应用专业课改创新教材

机电设备基本电路装接与调试

崔　陵　霍永红　主编

戴月根　陈锁有　执行主编

沈柏民　主审

U0324508

科学出版社

北　京

内 容 简 介

本书依据《浙江省中等职业学校机电技术应用专业教学指导方案》编写，是经浙江省教育厅职成教教研室审核的课改创新教材。

本书采用项目－任务驱动的教学模式讲授机电设备基本电路装接与调试的相关知识点及核心操作技能，主要内容包括电气基本操作、电阻器电路的装接与测量、电容器电路的装接与测量、单相交流电路的装接与测量、三相交流电路的装接与测量、直流稳压电源电路的装接与调试、小信号放大电路的装接与调试、集成运算放大器电路的装接与调试、组合逻辑门电路的装接与调试、常用电动机的安装与调试。

本书在必要的地方提供微课、短视频等数字化资源，学生可通过扫码进行相关内容学习。

本书可供中等职业学校机电类专业核心课程基本理论教学以及技能教学与训练使用，也可供机电类专业的工程技术人员和业余爱好者学习参考。

图书在版编目（CIP）数据

机电设备基本电路装接与调试 / 崔陵, 霍永红主编. —北京：科学出版社, 2019.1

（浙江省中等职业教育机电技术应用专业课改创新教材）

ISBN 978-7-03-058333-8

Ⅰ. ①机… Ⅱ. ①崔… ②霍… Ⅲ. ①机电设备–电子电路–安装–中等专业学校–教材 ②机电设备–电子电路–调试–中等专业学校–教材 Ⅳ. ①TM92

中国版本图书馆 CIP 数据核字（2018）第 163380 号

责任编辑：陈砺川 杨 昕 / 责任校对：马英菊
责任印制：吕春珉 / 封面设计：东方人华平面设计部

科 学 出 版 社 出版

北京东黄城根北街16号
邮政编码：100717
http://www.sciencep.com

新科印刷有限公司 印刷

科学出版社发行 各地新华书店经销

＊

2019年1月第 一 版 开本：787×1092 1/16
2019年1月第一次印刷 印张：14
字数：332 000

定价：48.00元
（如有印装质量问题，我社负责调换〈新科〉）

销售部电话 010-62136230 编辑部电话 010-62195035

浙江省中等职业教育机电技术应用专业
课改创新教材编写指导委员会

主　　任　朱永祥
副 主 任　程江平　崔　陵
委　　员　张金英　钱文君　马玉斌　鲍加农
　　　　　吕永城　谢　勤　朱孝平　马雪梅
　　　　　虞　敏　金洪来　周建军

本书编写委员会

主　　编　崔　陵　霍永红
执行主编　戴月根　陈锁有
主　　审　沈柏民
编　　委　贺胜龙　陈益锋　王建敢　崔玉妍
　　　　　范　琎　周　艳　黄　明　周斌斌
　　　　　陆晓燕　董增勇

序
FOREWORD

在产业转型升级对技术技能型人才的培养提出更高需求，人民生活水平的提高对职业教育有了新的期待，以及"人人出彩"中国梦的背景下，2014年，浙江省率先开始在中等职业教育领域实施"选择性"课程改革。2015年，浙江省人民政府印发了《浙江省人民政府关于加快发展现代职业教育的实施意见》，意见中指出，"强化内涵和特色建设"，"全面深化职业教育教学改革。深化中等职业教育课程改革，优化课程体系，丰富课程资源，推行学分制、弹性学习制度，努力扩大学生多样性学习选择权"，"广泛推广'做中学'育人模式，加强职业生涯规划指导和创新创业教育，着力培养学生的实践能力、就业创业能力"。

这次改革以"选择性教育"理念为指导、以多样化选择为基础、以课程体系建设为主要内容、以机制建设为保障措施，构建了一种全新的课程改革模式，其中专业核心课程建设是改革的关键。专业核心课程建设亟待改变原有以学科为主线的课程模式，尝试构建以岗位能力为本位的专业课程新体系，促进职业教育的内涵发展。基于此，我们开展了"专业核心课程建设"课题研究。课题组本着积极稳妥、科学谨慎、务实创新的原则，对相关行业企业的人才结构现状、专业发展趋势、人才需求状况、职业岗位群对知识技能要求等方面进行系统的调研，在庞大的数据中梳理出共性问题，在把握行业、企业的人才需求与职业学校的培养现状，掌握国内中等职业学校各专业人才培养动态的基础上，最终确立了"以核心技能培养为专业课程改革主旨、以核心课程开发为专业建设主体、以教学项目设计为专业教学改革重点"的浙江省中等职业教育专业核心课程建设新思路，并着力构建"核心课程＋教学项目"的专业课程新模式。这项研究得到了由教育部职业技术教育中心研究所、中央教育科学研究所和华东师范大学职业教育与成人教育研究所等单位的专家组成的鉴定组的高度肯定，认为课题研究"取得的成果创新性强，操作性强，已达到国内同类研究领先水平"，同时形成了能与现代产业和行业进步相适应的体现浙江特色的课程标准和课程体系，满足社会对中等职业教育的需要。

依据该课题研究形成的课程理念及其"核心课程＋教学项目"的专业课程新模式，课题组邀请了行业专家、高校专家及一线骨干教师组成教材编写组，根据先期形成的教学指导方案着手编写本套教材，几经论证、修改，现付梓。

由于时间紧、任务重，教材中定有不足之处，敬请提出宝贵的意见和建议，以求不断改进和完善。

浙江省教育厅职成教教研室

2018 年 4 月

本书是浙江省中等职业教育机电技术应用专业课改创新教材，根据《浙江省中等职业学校机电技术应用专业教学指导方案》编写而成。

在编写本书的过程中，编者遵循浙江省中等职业教育教学改革的指导思想，严格遵照"机电设备基本电路装接与调试"课程标准的要求，同时参考教育部最新颁布的专业教学标准和相关工种职业技能鉴定标准，本着"必需、够用、实用"的原则，精简理论、强化知识的应用和核心技能的培养，提高学生的综合素质与职业能力，增强学生适应职业变化的能力，为学生职业生涯的发展奠定基础。

本书具有以下特点。

1. 注重基础

本书作为机电技术应用专业的核心课程教材，内容上整合了"电工基本电路装接与测量"和"电子基本电路装接与测量"两门专业核心课程。编者结合中等职业学校学生的学情，从强调学生学会安全用电开始，详细介绍了常用机电设备（主要对象是数控机床）在安装、调试及维修过程中涉及的有关基本电路理论知识，带领学生掌握电路装接、参数测量、电路调试等基本技能；在内容深度的把握上，以"实用、够用"为原则，让学生通过本课程的学习，掌握机电类专业学生从事机电设备安装、调试和维修等工作必备的知识与技能。

因机电设备常用电动机的安装与调试也是机电设备安装、调试和维修工作的重要一环，但在浙江省中等职业学校机电技术应用专业课程改革成果的其他教材中不涉及这些知识，故将相关内容列入本书的项目10。

2. 理实一体

本书坚持"做中学，做中教"的职业教育特色，以"项目-任务"驱动为主导思想进行教学设计，将教学目标分解成若干个项目，再将项目分解成若干个任务，按照完成任务的需要确定教材内容。在内容上注重理论与实践相结合，在每一个项目中都有相关的理论知识（任务准备部分）和技能训练（任务实施部分），并配有详细的任务考核评价标准，任务考核评价标准也是职业素养标准的体现。在每个项目后附有思考与练习，供学生课后进一步巩固知识。本书将理论知识与实践性教学内容有机结合，理实一体满足技能型人才培养的需求。

3．配套立体化数字资源

在内容呈现及版面形式上，本书力求图文并茂，生动活泼，以大量的图片、表格等形式直观展现，旨在"易教易学，易懂易用"。

本书针对部分教学重点和难点内容制作了教学微视频，使用移动终端扫描书中相应位置的二维码即可随时在线观看。学生可从中获得更多、更直观的感性认识，加深对所学内容的理解。这也是本书重要创新点之一。

本书亦配有教学课件及思考与练习答案，供师生参考。

完成本课程教学建议开设 144 学时，学时安排如下表所示。

项 目	项目内容	建议学时
项目 1	电气基本操作	20
项目 2	电阻器电路的装接与测量	18
项目 3	电容器电路的装接与测量	12
项目 4	单相交流电路的装接与测量	12
项目 5	三相交流电路的装接与测量	14
项目 6	直流稳压电源电路的装接与调试	14
项目 7	小信号放大电路的装接与调试	12
项目 8	集成运算放大器电路的装接与调试	12
项目 9	组合逻辑门电路的装接与调试	14
项目 10	常用电动机的安装与调试	16
合 计		144

本书由浙江省教育厅职成教教研室崔陵、长兴县职业技术教育中心学校霍永红担任主编，长兴县职业技术教育中心学校戴月根、陈锁有担任执行主编。全书共分 10 个项目，项目 1 由长兴县职业技术教育中心学校贺胜龙编写，项目 2 由杭州技师学院陈益锋、王建敢、崔玉妍编写，项目 3 由长兴县职业技术教育中心学校范琎编写，项目 4 由戴月根编写，项目 5 由长兴县职业技术教育中心学校周艳编写，项目 6 由嘉善县中等专业学校黄明编写，项目 7 由嘉兴技师学院周斌斌编写，项目 8 由陈锁有编写，项目 9 由海宁技师学院陆晓燕编写，项目 10 由戴月根、杭州技师学院董增勇编写。

本书的编写得到了长兴县职业技术教育中心学校姚新明校长、陆凤林副校长等领导的大力支持；全书由全国优秀教师、浙江省特级教师沈柏民审核，他对本书提出了许多宝贵的意见；浙江省机电类专业教学名师舒伟红对本书的编写给予了有益指导。另外，在编写过程中，编者还参阅了国内出版的有关教材和资料，在此向相关人员一并表示衷心的感谢。

由于编者水平有限，书中不妥之处在所难免，恳请读者批评指正。

编 者
2018 年 2 月

C目 录
ONTENTS

项 目

电气基本操作

项目概述

电气基本操作是机电设备安装、调试与维修人员必备的基本技能。

本项目分为三个任务，主要学习电工安全操作规程、触电急救知识，常用电工工具的结构、用途和使用方法，常用电工仪表的外形结构和使用方法，同时对模拟触电急救、常用电工工具和常用电工仪表的使用进行训练。

任务 1.1　学会安全用电

任务目标

知识目标

● 了解电工安全操作规程的相关内容。

● 掌握触电急救的方法。

技能目标

● 会对触电者进行急救。

任务描述

本任务学习电工安全操作规程及触电急救知识，并进行触电急救模拟训练。

学会安全用电	任务准备	电工安全操作规程
		触电急救知识
	任务实施	准备器材
		模拟触电急救训练

任务准备

1. 电工安全操作规程

电工安全操作规程的各项规定是每一名电工必须遵守的规章制度，它规定了电工操作时的基本要求。只有树立安全第一的观念，才能在工作中避免事故的发生。电工安全操作规程的相关规定如下。

1）电工从业人员必须经专业安全技术培训考试合格，取得许可证后，方可上岗操作。学徒工必须在持证电工的监护和指导下才能进行操作。

2）电工应掌握电气安全知识，了解岗位责任区域电气设备的性能，熟练掌握触电急救和事故紧急处理方法。

3）电工上岗必须穿戴合格的绝缘鞋，必要时应戴安全帽及其他防护用品，所用绝缘用具、仪表、安全装置和工具必须检查完好、可靠。禁止使用破损、失效的用具，对于不同的电压等级、工作环境、工作对象，要选用参数相匹配的用具。

4）任何电气设备、线路未经本人验电以前，一律视为有电，不准触及。需接触操作时，应切断该处的电源，经验电合格后或放电（电容性设施）之后验电合格，取下熔断器，并在电源开关把手上悬挂"禁止合闸，有人工作"的标示牌，方能接触工作。

5）对于动力配电箱的刀开关，禁止带负载拉开或合闸，必须先将用电设备开关切断后方可操作。处理事故需拉开带负载的动力箱刀开关时，应使用绝缘工具，戴上绝

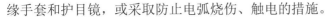

缘手套和护目镜，或采取防止电弧烧伤、触电的措施。

6）要保证各种电气接线的接头导通接触面积不低于导线截面面积，线头不应突出，接线不得松动，绝缘包扎需符合要求。

7）使用行灯时，需用专用的隔离变压器供电，且行灯电压不得超过36V。在特别潮湿或在金属容器内工作时，其电压不应超过12V。

8）电气设备的外露可导电部分必须与电网接地网可靠连接，中性线与地线必须分开，接地线截面面积要符合相应标准的要求。

9）在可能的情况下，应尽量停电工作，如果需带电操作，则必须设专人监护。监护人应符合从业要求，监护时不得从事操作或做与监护无关的事情。

10）带电装卸熔断器管时，要戴上护目镜和绝缘手套，必要时使用符合绝缘要求的绝缘夹钳，站在绝缘垫上操作。带电作业时，应先分清相线、中性线（地线），选好工作位置。工作时应不同时触及导电部分和接零（地）部分。如果需断开导线，则应先断开相线，后断开中性线（地线）；搭接导线时，顺序相反。

11）在带电的电能表和继电保护二次回路上工作时，要检查电压互感器和电流互感器二次绕组的原接地点是否可靠。断开电流回路时，应事先将电流互感器二次侧的专用端子短路，严禁用导线缠绕。工作时，不得将回路的永久接地点断开。工作时，必须有专人监护，使用绝缘工具，并站在绝缘垫上。不允许带负载拆、装尾线。

12）不允许在设备运转过程中拆卸修理，必须停车切断设备电源，按照安全操作程序进行工作。

13）未经电气技术负责人许可和批准，电工不得改变电气设施的原有接线方式和结构。

14）电工操作时使用的梯子要有防滑措施，踏步应牢固无裂纹。梯子与地面之间的角度以75°为宜。没有搭勾的梯子在使用时要有人扶住梯子。使用人字梯时拉绳必须牢固。

15）高空作业时，应系好安全带，戴好安全帽，所用工具、零件均应装在工具袋内，禁止上、下抛扔，工作现场应有监护人。

16）临时装设的电气设备必须符合临时线安全规程。

17）工作结束后，应清扫、整理现场。工作负责人应对工作项目进行周密检查，确定无误后，向接班人员交接清楚。必要时，将有关事宜记入交接班记录。

18）遇到人身触电时，应立即切断电源，按照紧急救护法进行抢救，并应保护现场，同时要及时向上级领导和主管部门报告，并做好记录。

19）使用电动工具时应遵守有关电动工具安全操作规程。

20）电气设备发生火灾时，要立即切断电源，用沙子、二氧化碳灭火器或四氯化碳灭火器灭火，严禁用泡沫灭火器或水灭火，并立即上报上级领导和主管部门。

2．触电急救知识

（1）安全电压

安全电压是指在不带任何防护设备的条件下，当人体接触带电体时对人体各部分组织（如皮肤、神经、心脏、呼吸器官等）均不会造成伤害的电压值。我国规定的安全电压额定值的等级为42V、36V、24V、12V、6V，应根据作业场所、操作员条件、使用方式、供电方式、线路状况等因素选用。例如，手提照明灯、危险环境的携带式电动工具，应采用36V安全电压；金属容器、隧道、矿井等潮湿、狭窄、行动不便及周围有大面积接地导体的环境，安全电压不得超过24V，以防止因触电而造成的人体伤害。

（2）电流对人体的伤害

电流通过人体时，对人体伤害的严重程度与通过人体的电流的大小、电流通过人体的持续时间、电流通过人体的途径、电流的频率及人体状况等多种因素有关，且各种因素之间有着十分密切的关系。电流通过人体的持续时间是影响电击伤害程度的重要因素。

实验资料表明，不同的人的感知电流也不相同：成年男性均匀感知电流约为1.1mA；成年女性均匀感知电流约为0.7mA。对于不同的人，触电后能自主摆脱电源的最大（最小）电流也不相同：成年男性的最小摆脱电流约为9mA，均匀摆脱电流约为16mA；成年女性的最小摆脱电流约为6mA，均匀摆脱电流约为10.5mA。一般认为，50mA以上的电流会引起触电者心室颤动或窒息。

（3）人体触电的类型

人体触电的类型通常分为电击和电伤两大类。电击是电流通过人体内部破坏人的心脏、肺部及神经系统等造成的一种内伤；电伤是电流的热效应、化学效应或机械效应对人体造成的一种外伤。触电一般有四种情况：单相触电、两相触电、跨步电压触电和静电触电。

1）单相触电。电线绝缘破损、导线金属部分外露、导线或电气设备受潮等原因使其绝缘部分的绝缘能力降低，导致站在地上的人体直接或间接地与相线接触，这时电流通过人体流入大地而造成单相触电事故。

单相触电的危险程度是由电压的高低、绝缘情况、电网的中性点是否接地和每相对地电容的大小等决定的。中性点接地系统的单相触电比中性点不接地系统的单相触电危险性大。

① 在电源中性点直接接地的系统中发生单相触电的情况如图1-1（a）所示。根据欧姆定律 $I=U/R$ 可知，若人体的电阻以1000Ω计算，则在220V中性点接地的电网中发生单相触电时，流过人体的电流将达到220mA，已大大超过人体所能承受的数值。若人站在绝缘板上或穿绝缘鞋，则人体与大地间的电阻会变得很大，通过人体的电流将很小，不会造成触电危险。

② 在电源中性点不接地的系统中发生单相触电的情况如图1-1（b）所示。当人体触及某相电源时，线路的绝缘水平比较高，即绝缘电阻比较大，通过人体的电流较小，所以中性点不接地电网降低了人体触电的危险性。但是，如果线路庞杂，距离很长，对地分布电容较大，将使线路整体绝缘水平下降，此时这种中性点不接地的低电压电网对人体仍存在很大的危险性。

2）两相触电。两相触电是人体的不同部位同时触及两相带电体的触电事故，如

图 1-2 所示。这时人体承受的是 380V 的线电压，其危险性一般比单相触电大。人体接触两相带电体时电流比较大，轻则引起触电烧伤或导致残疾，重则可以导致触电死亡事故，而且两相触电使人触电身亡的时间只有 1 ～ 2s。在人体的触电方式中，以两相触电最为危险。当发生两相触电时，无论电网的中性点是否接地，人体与地是否绝缘，都会触电。

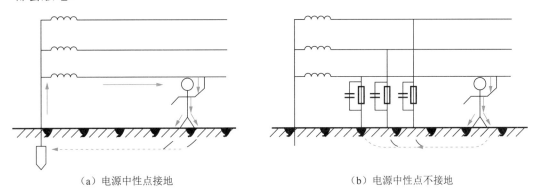

（a）电源中性点接地　　　　　　　　　　（b）电源中性点不接地

图 1-1　单相触电的电源中性点接地与不接地

　　3）跨步电压触电。当电气设备发生接地故障时，接地电流通过接地体向大地流散，在地面上形成分布电位。这时，若人在接地短路点周围行走，其两脚之间（以人的跨步一般按 0.8m 来考虑）的电位差就是跨步电压。由跨步电压引起的人体触电称为跨步电压触电，如图 1-3 所示。受到跨步电压作用时，人体虽然没有直接与带电导体接触，也没有放弧现象，但电流沿着人的下半身从一只脚经胯部到另一只脚与大地形成通路。触电时人体先感觉脚发麻，然后跌倒。当触到较高的跨步电压时，人体会因双脚抽筋而倒在地上。跌倒后，由于头脚之间的距离大，因此作用于身体上的电压增高，触电电流相应增大，有可能使电流经过人体的路径改变为经过人体的重要器官，如从头到脚或从头到手进而增加触电的危害性。人体倒地后电压持续 2s，人就会有致命危险。跨步电压的大小取决于人体离接地点的距离，距离越远，跨步电压数值越小，在远离接地点 20m 以外处，电位近似于零。

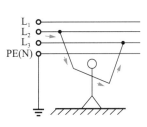

图 1-2　两相触电示意图

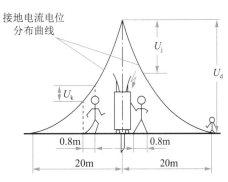

图 1-3　跨步电压触电示意图

U_k—跨步电压；U_j—接触电压；U_d—对地电压

4）静电触电。静电具有电压很高、能量不大、静电感应和尖端放电等特点，当人体靠近带静电的物体或带静电荷的人体接近接地体时，会发生放电使人遭受电击，造成伤害。由于静电电击不是电流持续通过人体的电击，而是静电放电造成的瞬间冲击性电击，能量较小，因此通常不会造成人体因心室颤动而死亡。但是，静电电击往往可能造成二次伤害，如高空坠落或其他机械性伤害等。

（4）触电急救

当发现有人触电时，首先应采用安全、有效的方法使触电者迅速脱离电源，并组织现场急救。

1）脱离电源。当发现有人触电时，最关键、最首要的措施是使触电者尽快脱离电源。触电的情况不一样，使触电者脱离电源的方法也不一样，在触电现场经常采用以下几种急救方法。

① 迅速关断电源，把人从触电处移开。如果开关距离触电地点很近，应迅速断开开关，切断电源。

② 如果开关距离触电地点很远，可用绝缘手钳或带有干燥木柄的斧、刀、铁锹等把电线切断。需要注意的是，必须割断电源侧（即来电侧）的电线，而且要注意切断的电线不可触及人体。

③ 如果救护人手边有绝缘导线，可先将一端良好接地，另一端接在触电者所接触的带电体上，使该相电源对地短路，迫使电路跳闸或熔丝熔断，达到切断电源的目的。

2）现场急救。触电者脱离电源后，应根据其所受电流伤害的不同程度，采用不同的方法进行急救。有时触电者从外表上看，呼吸和心脏搏动发生中断，已经失去了知觉，但事实上很多人失去知觉是一种假死现象，是人体中的重要机能暂时发生故障造成的，并不意味着真正死亡。因此，抢救触电者的生命能否获得成功，关键在于是否能在现场迅速而正确地进行紧急救护。放弃现场急救，认为送医院保险，就会延误宝贵的抢救时间。习惯上把对触电者进行急救时采取的通畅气道、口对口人工呼吸、胸外心脏挤压等措施统称为心肺复苏法。触电者脱离电源后的处理分为以下几种情况。

① 触电者神志清醒，但感觉心慌、四肢发麻、全身乏力，且面色苍白，或一度昏迷，但未失去知觉，此时应将触电者抬到空气新鲜、通风良好的地方躺下，休息 1 ~ 2h，禁止其走动，以减轻心脏负担，让其慢慢恢复正常。这时，要注意保暖，并进行严密观察，若发现触电者呼吸或心脏很不规则甚至停止时，应迅速设法抢救。

② 触电者神志不清，有心跳，但呼吸停止或极微弱时，应立即用仰头抬额法使气道开放，进行口对口人工呼吸抢救，具体操作步骤如下。

• 使触电者仰卧，迅速解开触电者的衣扣，松开紧身的内衣、腰带，头不要垫高，以利于呼吸。使触电者的头侧向一边，掰开触电者的嘴巴（如果掰不开嘴巴，可用小木片或金属片撬开），清除其口腔中的痰液或血块。使触电者的头部尽量后仰，鼻孔朝上，下颌尖部与前胸部大体保持在一条水平线上，这样舌根才不会阻塞气道，如图1-4（a）所示。

• 救护人蹲跪在触电者头部左侧（或右侧），一只手捏紧触电者的鼻孔，用另一只手的拇指和食指掰开触电者的嘴巴，如实在掰不开嘴，则可用口对鼻进行人工呼吸（捏紧嘴巴，垫一层纱布或薄布，准备给鼻孔吹气）。

- 救护人深吸气后，紧贴触电者嘴巴吹气，吹气时要使触电者的胸部膨胀，对成年人每分钟吹气14～16次；给儿童吹气时，每分钟吹气18～24次，如图1-4（b）所示。
- 救护人换气时，要松开触电者的嘴巴和鼻子，让其自动呼吸，如图1-4（c）所示。

（a）头部后仰　　　　　　　（b）吹气　　　　　　　（c）换气

图1-4　口对口人工呼吸法

对幼童施行此法时，鼻子不必捏紧，使其自然漏气，同时注意胸部不应过分膨胀，以免肺泡破裂。

③ 触电者神志丧失，心跳停止，但有呼吸时，应立即采用胸外心脏挤压法进行抢救，具体操作步骤如下。

- 使触电者仰卧在坚实的地面或木板上，救护姿势与口对口人工呼吸法相同，使呼吸道畅通，以保证挤压效果。
- 救护人蹲跪在触电者腰部一侧，或跨腰跪在腰部两侧，两手相叠（手掌根部要放在正确的压点上，即心窝稍高，两乳头间略低，胸骨下1/3处），对触电儿童可用一只手操作，如图1-5（a）、（b）所示。
- 救护人两臂肘部伸直，掌根略带冲劲地用力垂直下压，压陷深度应为3～5cm，压出心脏里的血液。成年人每秒压一次，太快或太慢都不好；对于儿童用力要稍轻，以免损伤胸骨，如图1-5（c）所示。
- 挤压后掌根应迅速全部放松，让触电者胸廓自动复原，血液充满心脏，放松时掌根不必完全离开胸廓，如图1-5（d）所示。

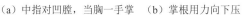

（a）中指对凹腔，当胸一手掌　　（b）掌根用力向下压　　　（c）慢慢向下　　　（d）突然放松

图1-5　胸外心脏挤压法

- 重复按压、放松动作。按压频率应保持在80～100次/min，不应低于60次/min。

④ 触电者无心跳、无呼吸，可将人工呼吸法和胸外心脏挤压法同时进行。如果只有一个人实施抢救，可先吹气2次，再按压15次，如此交替进行，直到触电者恢复正常心肺功能或医务人员赶来接替抢救工作。

任务实施

1. 准备器材

完成本任务所需器材如表 1-1 所示。

表 1-1　所需器材

序　号	名　称	型　号	规　格	数　量
1	触电急救心肺复苏模拟人	冠邦（或自定）	1.8m 左右	每组 1 个
2	液晶显示器	冠邦（或自定）	须与模拟人配套	每组 1 台
3	操作台	自定	200cm × 100cm × 75cm	每组 1 张

1）将模拟人从箱内取出，仰卧平躺在操作台或平地上，如图 1-6 所示。

图 1-6　触电急救训练模拟人示意图

2）取出 9V 稳压器，并将稳压器一端插头插入显示器的底部插孔内，另一端插头插入 220V 电源插座上。

3）接通电源，按下电源开关和复位开关，使全部数码复位到 0 位，按下频率开关，定时器开始工作。

4）根据训练需要可选用频率 80 ~ 100 次 /min，将胸骨按下 3 ~ 5cm，黄灯亮，数码同步计数 1 次；按下时错位或超深度，则红灯亮，有蜂鸣器报警。人工吹气要达到 800 ~ 1200mL 的吹气量，绿灯亮，数码同步计数一次，否则不予计数。

2. 模拟触电急救训练

用胸外心脏挤压法与人工呼吸法模拟触电急救。

1）使模拟人平躺，操作人员一只手的两指捏鼻，另一只手深入后颈或下巴，将头托起，往后仰 70° ~ 90°，使气道放开。

2）人工吹气两次，然后找准胸部按压位置，再按单人抢救标准，在 2min 内连续操作 4 个循环，即可完成单人训练任务。训练约 2min 后频率节拍停止，训练结束。

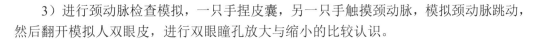

3）进行颈动脉检查模拟，一只手捏皮囊，另一只手触摸颈动脉，模拟颈动脉跳动，然后翻开模拟人双眼皮，进行双眼瞳孔放大与缩小的比较认识。

注意：

- 训练前应仔细阅读设备使用说明，注意个人卫生。
- 严格按照规定动作完成训练。
- 训练时不可用力过猛，防止设备损坏。

任务评价

模拟触电急救训练评分记录表如表 1-2 所示。

表 1-2　模拟触电急救训练评分记录表

序　号	任　务	评价项目	评价标准	配　分	得　分	备　注
1	准备工作	施救准备工作	准备工作不充分，扣 5～10 分	15		
2	初步检查	观察分析	不按规定完成初步检查，扣 5～10 分	15		
3	口对口人工呼吸法	步骤与方法	需按照正确的步骤与方法进行模拟训练，每错一次，扣 5 分	20		
4	胸外心脏挤压法	步骤与方法	需按照正确的步骤与方法进行模拟训练，每错一次，扣 5 分	20		
5	循环操作	重复施救方法	姿势不正确，扣 10 分；呼吸和按下不配合，扣 10 分	20		
6	着装	电工服、电工鞋的穿戴	每缺少一项扣 5 分	10		
总　分				100		
开始时间		结束时间		实际用时		

任务 1.2　使用常用电工工具

任务目标

知识目标

● 掌握验电笔、剥线钳、螺钉旋具、尖嘴钳等常用电工工具的结构、用途和使用方法。

技能目标

● 会正确使用常用电工工具。

任务描述

本任务学习验电笔、尖嘴钳、剥线钳、螺钉旋具、钢丝钳、电工刀、活扳手等常用电工工具的结构、用途、使用方法等知识和技能，并进行电工工具的使用、导线连接与绝缘恢复实训。

使用常用电工工具	任务准备	常用电工工具的结构和用途
		常用电工工具的使用方法
	任务实施	练习使用电工工具
		练习导线连接与绝缘恢复

任务准备

1. 常用电工工具的结构和用途

常用电工工具是指电工随身携带的常规工具，主要有验电笔、钢丝钳、尖嘴钳、剥线钳、螺钉旋具、电工刀、活扳手等，其外形结构和用途如表 1-3 所示。

表 1-3 常用电工工具的外形结构和用途

名　称	外形结构	用　途
验电笔		验电笔是用来检测导线、电器和电气设备的金属外壳是否带电的一种电工工具。通常有钢笔式、螺旋式和数显式等多种
钢丝钳		钢丝钳是一种夹钳和剪切工具，主要用于剪切、绞弯、夹持金属导线，也可用于紧固螺母、切断钢丝。电工常用的钢丝钳有 150mm、175mm、200mm 及 250mm 等多种规格
尖嘴钳		尖嘴钳由尖头、刀口和钳柄组成。它的头部尖细，主要用于剪切线径较细的单股与多股线、给单股导线接头弯圈、剥塑料绝缘层、夹取小零件等
剥线钳		剥线钳用来供电工剥除电线头部的表面绝缘层，可以使电线被切断的绝缘皮与电线分开。它由钳口和手柄两部分组成。其钳口部分有 0.5 ～ 3mm 的刃口，用以剥落不同线径的导线绝缘层
螺钉旋具		螺钉旋具俗称螺丝刀、改锥、起子或旋凿，用于紧固和拆卸各种螺钉，安装或拆卸元件。按照功能和头部形状不同，其可分为一字螺钉旋具和十字螺钉旋具；按照握柄材料的不同，其可分为木柄螺钉旋具和塑料柄螺钉旋具。现在流行的组合工具由不同规格的螺钉旋具、锥、钻等组成，柄部和刀体可拆卸使用

续表

名　称	外形结构	用　途
电工刀		电工刀在电气设备安装操作中主要用于剖削导线绝缘层，削制木榫，切割木台缺口等。它的刀柄没有绝缘，不能直接在带电体上进行操作
活扳手		活扳手是用来紧固和拧松不同规格螺母和螺栓的一种工具，其开口可以在一定范围内进行调节

2．常用电工工具的使用方法

（1）验电笔的使用方法

1）使用验电笔之前，首先要检查验电笔中有无安全电阻，直观检查验电笔有无损坏，有无受潮或进水，待检查合格后才能使用；其次必须在有电的地方验证验电笔是否正常，否则不能使用。

2）使用验电笔时，不能用手触及验电笔前端的金属探头，这样会造成人身触电事故。

3）使用验电笔时，一定要用手触及验电笔尾端的金属部分，否则，因带电体、验电笔、人体与大地没有形成回路，验电笔中的氖泡不会发光，造成误判，认为带电体不带电，这是十分危险的。

图 1-7 所示为验电笔的正确与错误使用方法。

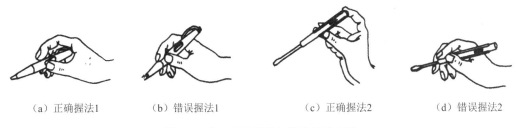

（a）正确握法1　　　（b）错误握法1　　　（c）正确握法2　　　（d）错误握法2

图 1-7　验电笔的正确与错误使用方法

（2）钢丝钳的使用方法

1）在使用电工钢丝钳以前，首先应该检查绝缘手柄的绝缘是否完好，如果绝缘破损，进行带电作业时会发生触电事故。

2）钢丝钳的钳口可用来夹持物件，弯绞导线，如图 1-8（a）所示。

3）钢丝钳的齿口可用来紧固或拧松螺母，如图 1-8（b）所示。此法对于拆卸机电设备上已完全锈蚀的螺钉或旋具刀口在螺钉槽口内打滑的螺钉有非常好的效果。需要注意的是，在螺钉松开后，设备再次组装时必须更换螺钉。

4）钢丝钳的刀口可用来剪切电线、铁丝，也可用来剖切软电线的橡皮或塑料绝缘层，如图1-8（c）所示。

5）钢丝钳的铡口可以用来切断电线、钢丝等较硬的金属线。

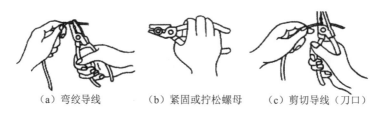

　　（a）弯绞导线　　　　　（b）紧固或拧松螺母　　　（c）剪切导线（刀口）

图 1-8　钢丝钳的使用方法

（3）尖嘴钳的使用方法

尖嘴钳的使用方法和钢丝钳的使用方法基本相同。它的钳柄上套有额定电压为500V的绝缘套管，绝缘套管破损的尖嘴钳不能使用。

尖嘴钳一般用右手操作，使用时握住尖嘴钳的两个手柄进行夹持或剪切工作，如图1-9所示。

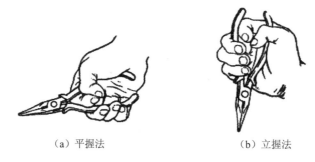

　　　（a）平握法　　　　　　　　　　（b）立握法

图 1-9　尖嘴钳的握法

（4）剥线钳的使用方法

1）根据缆线的粗细型号，选择相应的剥线刀口。

2）将准备好的电缆放在剥线钳的刀刃中间，选择要剥线的长度。

3）握住剥线钳手柄，将电缆夹住，缓缓用力使电缆外表皮慢慢剥落。

4）松开剥线钳手柄，取出电缆线，这时电缆线整齐露出外面，其余绝缘塑料完好无损。

（5）螺钉旋具的使用方法

螺钉旋具使用时，应按照螺钉的规格选用适合的刀口，以小代大或以大代小均会损坏螺钉或电气元件。较大螺钉旋具的使用如图1-10（a）所示，较小螺钉旋具的使用如图1-10（b）所示。

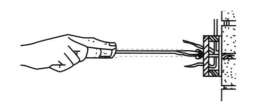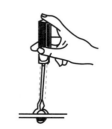

　　（a）较大螺钉旋具的使用　　　　　　　（b）较小螺钉旋具的使用

图 1-10　螺钉旋具的使用方法

（6）电工刀的使用方法

打开电工刀时，应该左手捏紧刀背，右手捏紧刀把，刀口向外，用力分开。用电工刀剖削导线绝缘层时，刀面与导线成45°角倾斜，以免削伤线芯，如图1-11（a）所示。电工刀剖削导线护套层或绝缘层时刀口应朝外，以免伤手，如图1-11（b）所示。

（a）刀面与导线成45°　　　　　（b）刀口朝外

图 1-11　电刀工的使用方法

（7）活扳手的使用方法

使用活扳手时应根据螺母的大小选配。使用时，右手握手柄，手越靠后，扳动起来越省力。扳动小螺母时，因需要不断地转动蜗轮，调节扳口的大小，所以手应握在靠近呆扳唇的位置，并用大拇指调制蜗轮，以适应螺母的大小。活扳手的扳口夹持螺母时，呆扳唇在上，活扳唇在下。活扳手不可反过来使用。

1）扳动大螺母时，需用较大力矩，手应握在靠近柄尾处，如图1-12（a）所示。

2）扳动小螺母时，需用较小力矩，但螺母过小，易打滑，因此手应握在靠近活扳手头部的地方，如图1-12（b）所示，并且可随时调节蜗轮，收紧活扳唇，防止打滑。

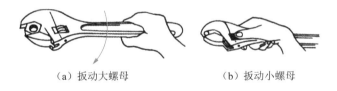

（a）扳动大螺母　　　　　（b）扳动小螺母

图 1-12　活扳手的使用方法

任务实施

1. 练习使用电工工具

本次使用电工工具的训练，采用在教师指导及示范下安装一块电气控制线路板（电工板）的形式进行，主要目的是通过电工器件的安装、电路的连接及通电试车的全过程，让学生能正确、规范使用电工工具。在此次训练中，对接线工艺和布线工艺暂不做具体要求。

（1）准备工具及器材

1）工具：验电笔、尖嘴钳、螺钉旋具、剥线钳、钢丝钳、活扳手等常用电工工具。

2）器材：完成本任务所需器材如表1-4所示。

表 1-4　所需器材

序　号	名　称	型　号	规　格	数　量
1	三相交流电源	自定	380V	
2	三相交流异步电动机	Y-112M-4（或自定）	额定功率 4kW、额定电压 380V、额定电流 8.8A，三角形联结，转速 1440r/min	1
3	电工板	自定	80cm×80cm	1
4	交流接触器	CJX1-12/22（或自定）	三相交流电，额定电压 380V	1
5	熔断器	RT18-32X（或自定）	额定电流 32A	5
6	断路器	DZ47-63-C20（或自定）	三相交流电	1
7	热继电器	JR36-20（或自定）	三相交流电，额定电压 380V	1
8	接线端子排	TB-1510（或自定）	额定电流 10A	1
9	按钮	LAY37（或自定）	绿色	1
10	按钮	LAY37（或自定）	红色	1
11	导线	BV1（或自定）	单芯铜线，截面面积 1mm²	若干

（2）安装与调试电路

根据图 1-13 所示单相连续控制电路图，利用常用的电工工具在电工板上进行安装练习。

1）安装电工元器件。

① 根据图 1-14 将元器件进行布局。

② 用固定螺钉进行元器件的固定。

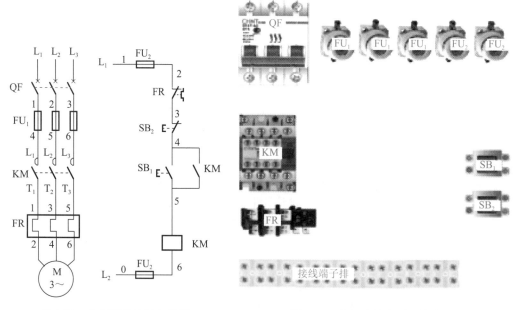

图 1-13　单相连续控制电路图　　　　　图 1-14　单相连续控制元件布局

2）装接电动机单向连续电路。

① 用尖嘴钳剪取相应长度的导线，并将导线搓直，用剥线钳剥掉2cm左右的绝缘皮。

② 估算元器件固定螺钉端至电工板板面的距离，然后对导线进行90°的弯曲，做到横平竖直。

注意：导线弯曲时，不能损伤导线绝缘层。

③ 根据电路图进行布线，先进行控制电路的装接，再进行主电路的装接。

3）验电，对电路进行通电试车。

在完成主电路、控制电路的装接之后，在教师的指导下进行通电试验。

① 验电：用验电笔对三相电源进线是否有电进行检验。

② 通电试车：将已完成的电动机控制电路板接上电源，合上开关，对电路进行通电试车。

2．练习导线连接与绝缘恢复

（1）准备工具

需准备的工具有尖嘴钳、剥线钳等。

（2）准备器材

完成本任务所需器材如表1-5所示。

表1-5　所需器材

序 号	名 称	型 号	规 格	数 量
1	单芯铜导线	BV2.5（或自定）	截面面积 2.5mm²	若干
2	绝缘胶布	自定	PVC	若干

（3）训练步骤

1）穿好电工工作服、电工鞋。

2）选择合适的电工工具完成导线的剥削。

3）利用剥削好的导线，完成单股铜芯导线的直接连接。

① 将两根导线的芯线线头做 X 形交叉，如图 1-15（a）所示。

② 将它们相互缠绕 2 ～ 3 圈后扳直两线头，如图 1-15（b）所示。

③ 将每个线头在另一根芯线上紧贴密绕5 ～ 6圈后剪去多余线头即可，如图1-15（c）所示。

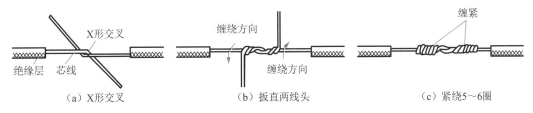

（a）X形交叉　　　　　（b）扳直两线头　　　　　（c）紧绕5～6圈

图 1-15　单股铜芯导线的直接连接

4）恢复直接连接的导线绝缘层。

① 将黄蜡带从接头左边绝缘完好的绝缘层上开始包缠，包缠两圈后进入剥除了绝缘层的芯线部分，如图1-16（a）所示。

② 包缠时黄蜡带应与导线呈55°左右倾斜角，每圈压叠带宽的1/2，如图1-16（b）所示，直至包缠到接头右边完好绝缘层处。

③ 将黑胶带接在黄蜡带的尾端，按另一斜叠方向从右向左包缠，如图1-16（c）、（d）所示，仍每圈压叠带宽的1/2，直至将黄蜡带完全包缠住。

包缠处理中应用力拉紧胶带，注意不可稀疏，更不能露出芯线，以确保绝缘质量和用电安全。

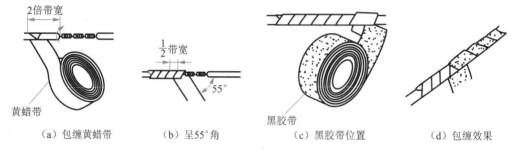

| （a）包缠黄蜡带 | （b）呈55°角 | （c）黑胶带位置 | （d）包缠效果 |

图 1-16　绝缘恢复

任务评价

常用电工工具的使用评分记录表如表1-6所示。

表 1-6　常用电工工具的使用评分记录表

序 号	任 务	评价项目	评价标准	配分	得 分	备 注
1	准备器材	工具、器具准备齐全	工具、器具准备不齐全，每少1件扣1分	5		
2	使用常用电工工具	螺钉旋具的使用	螺钉旋具使用不规范，每处扣1分	15		
		尖嘴钳的使用	尖嘴钳使用不规范，每处扣2分	20		
		剥线钳的使用	剥线钳使用不规范，每处扣2分	20		
		验电笔的使用	验电笔使用不规范，每处扣2分	20		
3	练习导线连接	单股铜芯导线的直接连接	连接方式不正确，扣5分	5		
4	练习绝缘恢复	单股铜芯导线的绝缘恢复	恢复不正确，扣5分	5		
5	安全文明生产（7S）	整理	工具、器具摆放整齐	1		
		整顿	工具、器具和各种材料摆放有序、科学合理	1		
		清扫	实训结束后，及时打扫实训场地卫生	2		
		清洁	保持工作场地清洁	2		
		素养	遵守纪律，文明实训	2		
		节约	节约材料，不浪费	2		

序　号	任　务	评价项目	评价标准	配　分	得　分	备　注
5	安全文明生产（7S）	安全	人身安全，设备安全	否定项		
总　分				100		
开始时间		结束时间		实际用时		

🌐 **任务拓展**

1. 单股铜导线的分支连接

单股铜导线的 T 字分支连接如图 1-17 所示。将支路芯线的线头紧密缠绕在干路芯线上 5～8 圈后剪去多余线头即可。对于较小截面的芯线，可先将支路芯线的线头在干路芯线上打一个环绕结，再紧密缠绕 5～8 圈后剪去多余线头即可。

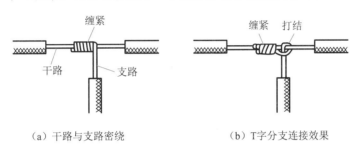

（a）干路与支路密绕 （b）T 字分支连接效果

图 1-17 单股铜导线的 T 字分支连接

单股铜导线的十字分支连接如图 1-18 所示，将上、下支路芯线的线头紧密缠绕在干路芯线上 5～8 圈后剪去多余线头即可。此时，可以将上、下支路芯线的线头向一个方向缠绕，如图 1-18（a）所示，也可以向左、右两个方向缠绕，如图 1-18（b）所示。

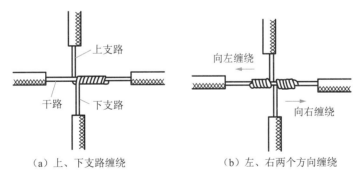

（a）上、下支路缠绕 （b）左、右两个方向缠绕

图 1-18 单股铜导线的十字分支连接

2. 多股铜导线的直接连接

多股铜导线的直接连接如图 1-19 所示。首先将剥去绝缘层的多股芯线拉直，将其靠近绝缘层约 $\frac{1}{3}L$（L 表示剥去绝缘层的芯线的总长度）的芯线绞合拧紧，而将其余

$\frac{2}{3}L$芯线成伞状散开，另一根需连接的导线芯线也按此处理。接着将两根伞状芯线相对着互相插入后捏平芯线，然后将每一边的芯线线头分为3组，先将某一边的第1组线头翘起并紧密缠绕在芯线上，再将第2组线头翘起并紧密缠绕在芯线上，最后将第3组线头翘起并紧密缠绕在芯线上。以同样方法缠绕另一边的线头。

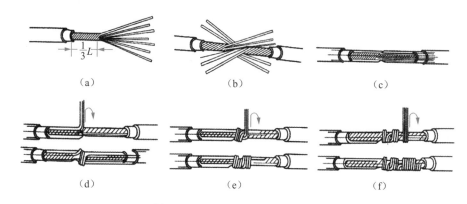

图 1-19　多股铜导线的直接连接

3. 多股铜导线的分支连接

将支路芯线靠近绝缘层约$\frac{1}{8}L$的芯线绞合拧紧，其余$\frac{7}{8}L$芯线分为两组，如图 1-20（a）所示，一组插入干路芯线中，另一组放在干路芯线前面，并朝右边按图 1-20（b）所示方向缠绕4~5圈。再将插入干路芯线中的那一组朝左边按图 1-20（c）所示方向缠绕4~5圈，连接好的导线如图 1-20（d）所示。

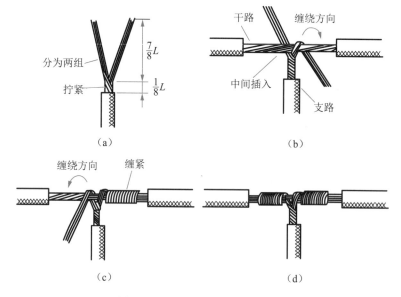

图 1-20　多股铜导线的分支连接

任务 1.3 使用常用电工仪表 ——

🎯 任务目标

知识目标

- 熟悉 MF47 指针式万用表的外形结构及使用方法。
- 熟悉 VC9205 数字式万用表的外形结构及使用方法。
- 掌握钳形电流表的外形结构及使用方法。
- 掌握兆欧表的外形结构及使用方法。

技能目标

- 会正确选择和维护常用电工仪表。
- 能正确使用常用电工仪表进行测量。

≔ 任务描述

本任务学习万用表、兆欧表、钳形电流表等常用电工仪表的外形结构和使用方法
等知识与技能，并进行相关规范训练。

使用常用电工仪表	任务准备	指针式万用表的外形结构和使用方法
		数字式万用表的外形结构和使用方法
		兆欧表的外形结构和使用方法
		钳形电流表的外形结构和使用方法
	任务实施	练习使用万用表
		练习使用兆欧表
		练习使用钳形电流表

⏲ 任务准备

万用表是一种多功能、多量程的测量仪表。万用表按显示方式分为指针式万用表
和数字式万用表。万用表既可测量交（直）流电流、交（直）流电压、电阻值，又可
以测量电容量、晶体管、二极管等元器件的参数，有的万用表还可测量温度。

1. 指针式万用表的外形结构和使用方法

（1）指针式万用表的外形结构

不同的指针式万用表的外形结构略有不同，南京科华 MF47 指针式万用表的外形
结构如图 1-21 所示。

1）表盘。指针式万用表的功能很多，因此表盘上通常有很多刻度线和刻度值，
图 1-22 所示为南京科华 MF47 指针式万用表的表盘。

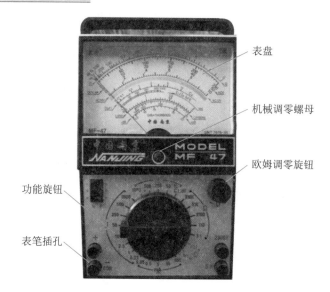

图 1-21　南京科华 MF47 指针式万用表的外形结构

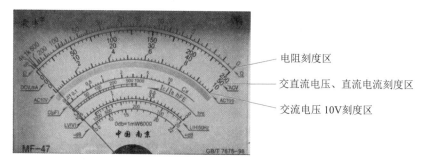

图 1-22　南京科华 MF47 指针式万用表的表盘

电阻刻度区：被测电阻值 = 表盘读数 × 倍率；为了使读数更精确，应转动挡位开关，重新选择倍率使指针停留在表盘满刻度的 1/3 ～ 2/3 范围内。

交直流电压、直流电流刻度区：除交流 10V 有固定的刻度区外，其他均共享三个刻度区：第一个刻度区满偏格数为 250，第二个刻度区满偏格数为 50，第三个刻度区满偏格数为 10。对于此处的数据实测值可用如下公式计算：

$$实测值 = 表针指示格数 \times \frac{所选量程}{满偏格数} \quad (1\text{-}1)$$

交流电压 10V 刻度区：该刻度区只适用于交流电压为 0 ～ 10V 的挡位。

2）机械调零螺母。机械调零螺母位于表头下方的中央位置，用于进行指针式万用表的机械调零。正常情况下，指针式万用表的表笔开路时，表的指针应指在左侧 0 刻度线的位置。如果指针没有指到 0 刻度线的位置，则必须进行机械调零，以确保测量的准确性。

3）欧姆调零旋钮。欧姆调零旋钮用于调整指针式万用表测量电阻时的准确度，测量电阻时需要指针式万用表自身的电池供电。指针式万用表在使用过程中，电池会不断损耗,导致指针式万用表测量电阻时的精确度下降,所以测量电阻前要进行欧姆调零。

4)功能旋钮。功能旋钮位于操作面板的中心位置,在它的四周有量程刻度盘,可用于测量电压、电流、电阻等。测量时,只需要调整中间的功能旋钮,使其指示到相应的挡位及量程刻度,即可进行相应的测量。

5)表笔插孔。通常指针式万用表的操作面板下面有二至四个插孔,用来与指针式万用表表笔相连,每个插孔都用符号进行标识。通常情况下,将红表笔插在"+"孔,黑表笔插在"–"孔,当测量 2500V 左右高电压时,将红表笔插在"2500 $\underline{V}$"孔;当测量直流 5A 左右大电流时,将红表笔插在"5 $\underline{A}$"孔。

(2)指针式万用表的使用方法

1)准备工作。

① 连接测量表笔:指针式万用表有两支表笔,红表笔插入"+"孔,黑表笔插入"–/COM"孔。

② 机械调零:指针式万用表的表笔开路时,表的指针应指在左侧 0 刻度线的位置。如果指针没有指到 0 刻度线的位置,可用螺钉旋具微调机械调零螺母,使指针处于 0 刻度线的位置。

2)测量电阻。用指针式万用表测量电阻前要装上电池(1.5V 和 9V 各一个)并进行欧姆调零,但在测量电阻值时不需要考虑万用表两支表笔的正负极连接。

视频 1:指针式万用表的使用——电阻的测量

① 选量程:根据初步估测的电阻大小选择合适的倍率。

② 欧姆调零:将功能旋钮调至所需测量的电阻挡,再将测试表笔两端短接,这时指针应指向 0Ω(表盘的右侧,电阻刻度的 0 值),如果指针不在 0Ω 处,则应调整欧姆调零旋钮使指针指向 0Ω,如图 1-23 所示。

③ 测量方法:将指针式万用表的红、黑表笔分别接在待测电阻的两端,即可测出待测电阻的电阻值,如图 1-24 所示。若指针偏转较大,且不在表盘满刻度的 1/3 ～ 2/3 范围内,则降低挡位倍率,重新进行欧姆调零后再测量。

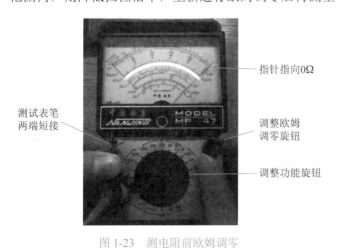

图 1-23　测电阻前欧姆调零

图 1-24　指针指示电阻阻值

注意：

- 禁止带电测量电阻，必须切断电路中的电源，以免损坏表头。
- 测量电阻时，重新焊好被测电阻的一端引脚，以免电阻所在回路中的串、并联电阻影响测量结果。
- 指针式万用表使用完毕，一定要将其上功能旋钮置于交流电压的最高挡。
- 长期不使用的指针式万用表，一定要将表内电池取出，否则，电池渗出液体会腐蚀表内印制电路板，造成指针式万用表损坏。

3）测量交直流电压。用指针式万用表测量电压时，与用电压表测量电压的方法相同，需要将其并联在待测电路中进行电压测量。测量直流电压时，要注意正负极性的连接；测量交流电压时，不需要考虑极性连接。

① 选择量程：指针式万用表检测电压前，要选择合适的量程，具体为测量直流 0.25～1000V 或交流 10～1000V 电压时，将红表笔连接到"+"孔，黑表笔连接到"–/COM"孔，再将功能旋钮调整至所需电压挡。测量交直流电压 2500V 时，将红表笔连接到交直流 2500V 孔，黑表笔连接到"–/COM"孔，然后将功能旋钮调整至交直流 1000V 位置。

② 测量方法：将指针式万用表并联在待测电路中，红表笔接在待测电路正极的位置，黑表笔接在待测电路负极的位置，此时即可从万用表表盘读取指针所偏格数，再根据式（1-1）进行计算，得到电压值。

注意： 交流电压10V有固定的刻度区，所以只需对照指针读取刻度值即为电压值。

4）测量交直流电流。用指针式万用表测量电流时，与用电流表检测电流的方法相同，需要将其串联在待测电路中进行电流测量。在测量直流电流时，要注意正负极性的连接；测量交流电流时，不需要考虑极性连接。

① 选择量程：用指针式万用表测量电流前，要选择合适的量程，具体为测量 0.05～500mA 电流时，将红表笔连接到"+"孔，黑表笔连接到"–/COM"孔，再将功能旋钮调至所需电流挡；测量 5A 电流时，将红表笔连接到直流 5A 孔，黑表笔连接到"–/COM"孔，然后将功能旋钮调至 500mA 直流挡位。如果所测电流数值无法确定大小范围，则可先将指针式万用表的量程转换至 500mA 挡，指针若偏转很小，则逐级调低到合适的测量挡位。

② 测量方法：将指针式万用表串联接入待测电路中，红表笔（正极端）连接电路的高电位端，黑表笔（负极）连接电路的低电位端。通电，读出指针式万用表表盘示数，根据式（1-1）计算实测电流值。

2. 数字式万用表的外形结构与使用方法

（1）数字式万用表的外形结构

数字式万用表的种类很多，这里主要以便携式数字式万用表为例来介绍数字式万用表的使用。数字式万用表的外形结构如图 1-25 所示（以 VC9205 为例）。

1）液晶显示区。数字式万用表相对指针式万用表，在显示方面有明显的优势，能够直观地显示测量数据，而不需要进行估读与计算。测量值有较高的精度和分辨率，可以用三位或更多位来显示，测量数据更精确。

2）功能旋钮。功能旋钮位于操作面板的中心位置，在它的四周有量程刻度盘，可用于测量电压、电流、电阻、电容等。与指针式万用表相比，数字式万用表有更多测量功能。当测量时，只需要调整中间的功能旋钮，使其指示到相应的挡位及量程，即可进行相应的测量。与指针式万用表不同的是，数字式万用表测量显示的是实际测量值，且功能旋钮指向的刻度值为最大显示值。

3）表笔插孔。数字式万用表的表笔插孔与指针式万用表类似，不同的是数字式万用表没有高电位插孔，它集成在功能盘上。

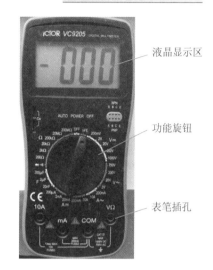

液晶显示区

功能旋钮

表笔插孔

图 1-25　数字式万用表的外形结构

（2）数字式万用表的使用方法

1）测量电阻：用数字式万用表测量电阻时，不必进行欧姆调零，也不需要考虑万用表的正负极连接。

① 插表笔、选量程。将两只表笔分别连接到"VΩ"孔和"COM"孔，再将功能旋钮调至所需电阻测量挡。若不确定电阻阻值大小，则可以调至最高挡。

② 测量方法。将数字式万用表的红、黑表笔分别接入待测电阻的两端，即可测量待测电阻的阻值。若显示的示数较小或为零，则可逐级降低挡位，读取最精确的值。

2）通断测量。

① 插表笔。将黑表笔插入"COM"孔，红表笔插入"VΩ"孔（注意红表笔极性为"正"）。并将功能旋钮调至"⊷⊶∙))"挡。

② 测量方法。将表笔连接到待测线路的两点，如果电阻值低于50Ω±20Ω，则内置蜂鸣器发声。注意，请勿在"⊷⊶∙))"挡输入电压，以免烧坏万用表。

3）测量交直流电压。用数字式万用表测量电压时，方法与指针式万用表相同，需要将其并联在待测电路中进行电压测量。在测量直流电压时，要注意正负极性的连接；在测量交流电压时，不需要考虑极性连接。

① 插表笔、选量程。将红表笔连接到"VΩ"孔，黑表笔连接到"COM"孔，再将功能旋钮调至所需交、直流电压挡。若不确定电压值大小，则可以转换至最高挡。

② 测量方法。将数字式万用表的红表笔连接待测电路的高电位端，黑表笔连接待测电路的低电位端，即可测量待测电路的电压值。若显示值较小，则可逐级降低挡位，读取最精确的值。

注意：挡位不能低于待测电压值。对于交流电压的测量，表笔的连接没有正负极之分，只需将表笔接入待测电路的两端即可。

视频 2：数字式万用表的使用——直流电压的测量

视频 3：数字式万用表的使用——交流电压的测量

4）测量交直流电流。用数字式万用表测量电流时，方法与指针式万用表相同，需要串联在待测电路中进行。在测量直流电流时，要注意正负极性的连接；在测量交流电流时，不需要考虑极性连接。

① 插表笔、选量程。测量 0 ~ 200mA 电流时，将红表笔连接到"mA"孔，黑表笔连接到"COM"孔，再将功能旋钮调至所需交、直流电流挡。若不确定电流值的大小，则可以转换至最高挡。测量 10A 电流时，将红表笔连接到"10A"孔，黑表笔连接到"COM"孔，再将功能旋钮调整至 10A 交、直流电流挡位。

② 测量方法。将数字式万用表串联接入待测电路中，红表笔连接待测电路的高电位端，黑表笔连接待测电路的低电位端，即可测量待测电路的电流值。若显示值较小，则可逐级降低挡位，读取最精确的值。

注意： 挡位不能低于待测电流值。

3. 兆欧表的外形结构和使用方法

兆欧表又称绝缘电阻表，是一种测量电气设备及电路绝缘电阻的仪表。

按照驱动方式不同，兆欧表一般分为两类：指针式兆欧表和数字式兆欧表，其外形分别如图 1-26 和图 1-27 所示。

图 1-26　指针式兆欧表的外形　　　　　图 1-27　数字式兆欧表的外形

根据所测电压的不同，常用的兆欧表有 500V、1000V、2500V 三种，使用时应按照电气设备电压等级选用。测量 500V 以下的电气设备时，应用 500V 兆欧表；测量 500V 以上电气设备时，应用 1000V 或 2500V 兆欧表。

对于 500V 以下的电动机应选用 500V 兆欧表测量，如选用 1000V 兆欧表、2500V 兆欧表测量，会使测量值不符合要求，并可能造成设备绝缘被击穿。

在使用兆欧表时引线对地绝缘应良好，线路（L）和接地（E）引线最好选用不同颜色，以便于区分。

（1）指针式兆欧表的外形结构

指针式兆欧表由一个手摇发电机、表头和三个接线柱（即线路接线柱 L、接地接线柱 E、保护环接线柱 G）组成。本书采用 ZC25-3 型兆欧表，其接线端如图 1-28 所示。

图 1-28　兆欧表接线端

（2）指针式兆欧表的使用方法

测量前将被测设备断开电源，将设备的出线对地短路放电，然后按如下步骤进行测量。

1）测量前先检查兆欧表能否正常工作。

① 开路试验：兆欧表水平放置，将兆欧表开路，摇动手柄使发电机达到 120r/min 的额定转速，观察指针是否指在"∞"的位置，如图 1-29 所示。

② 短路试验：将 L 接线柱和 E 接线柱短接，缓慢摇动手柄，观察指针是否指在"0"位置，如图 1-30 所示。

开路试验与短路试验均正常，表明兆欧表基本正常。

视频 4：检查
兆欧表是否正常

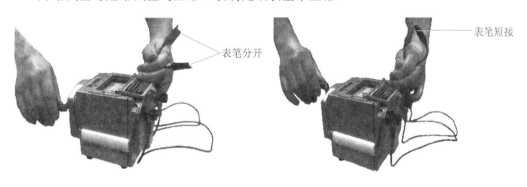

表笔分开

表笔短接

图 1-29　开路试验　　　　　　　　图 1-30　短路试验

2）将被测设备与兆欧表正确接线。一般测量时只用 L 和 E 两个接线柱。通常 L 接线柱接在被测物的相线上，E 接线柱接在被测物的金属外壳上。当被测物表面漏电很严重，且被测物表面的影响很显著而又不易除去时，需使用 G 接线柱。G 接线柱的接法是将保护线缠绕在绝缘套管上。对于电力电缆线路，保护线应缠绕在电缆绝缘层上。

视频 5：用兆欧表检测电
动机绕组之间的绝缘电阻

注意：
- L、E、G 接线柱与被测物的连接线必须使用单根线，绝缘良好，不得绞合，表面不得与被测物体接触。

视频 6：用兆欧表检测电动
机绕组对外壳的绝缘电阻

- 测量前应将被测设备擦拭干净，以免漏电影响测量结果。
- 摇动手柄的转速要均匀，一般要求为 120r/min。由于绝缘电阻阻值随着测量时间的长短而有所不同，因此规定摇动 1min 后，待指针稳定再读数。如果被测电路中有电容，则先持续摇动一段时间，让兆欧表对电容充电，待指针稳定后再读数。测量时，如果发现被测设备的绝缘电阻等于零，则应立即停止摇动手柄，以免损坏兆欧表。
- 在兆欧表没有停止摇动和设备没有对地放电之前，切勿触及测量部分和兆欧表的接线柱，以免触电。

4. 钳形电流表的外形结构和使用方法

钳形电流表通常作为交流电流表使用，它的表头有一个钳形头，故称为钳形电流表。其可以在不切断电路的情况下测量电流。

钳形电流表按照结构形式不同可分为指针式钳形电流表和数字式钳形电流表，其外形如图 1-31 和图 1-32 所示。

图 1-31　指针式钳形电流表的外形　　　　图 1-32　数字式钳形电流表的外形

指针式钳形电流表主要由一个特殊电流互感器、一个整流磁电系电流表及内部线路组成。一般常见的型号为 T301 型和 T302 型。数字式钳形电流表主要通过液晶显示屏将所测量的结果以数字形式显示出来。

（1）钳形电流表的外形结构

钳形电流表种类很多，不同的钳形电流表其面板也略有不同，在这里主要介绍数字式钳形电流表，其外形结构如图 1-33 所示。

1）钳形表头。钳形表头由固定铁心和活动铁心组成，钳形表头内部缠有线圈，通过缠绕的线圈组成一个闭合磁路。

2）铁心扳手。铁心扳手用来操作活动铁心，按下扳手可使钳口张开。

3）功能旋钮：钳形电流表的功能旋钮位于操作面板的中心位置，在其四周有量程刻度盘，可以测量电压、电流、电阻等，如图 1-34 所示。测量时，只需要调整中间的功能旋钮，使其指示到相应的挡位及量程即可进行相应的测量。

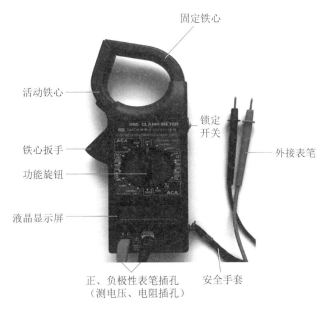

图 1-33　数字式钳形电流表外形结构

固定铁心
活动铁心
锁定开关
铁心扳手
功能旋钮
外接表笔
液晶显示屏
正、负极性表笔插孔
（测电压、电阻插孔）
安全手套

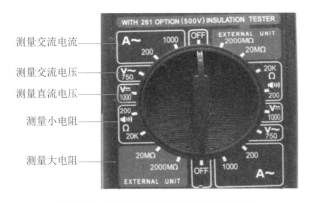

测量交流电流
测量交流电压
测量直流电压
测量小电阻
测量大电阻

图 1-34　数字式钳形电流表的功能面板

4）液晶显示屏。液晶显示屏用来显示最终测量数值。

5）表笔插孔。钳形电流表的操作面板下主要有三个插孔，用来与表笔进行连接，且每个插孔都用文字或符号进行标志，与万用表相似。

6）锁定开关。按下此开关，仪表当前测量的数值会保持在液晶显示屏上。

7）安全手套。安全手套用于防止使用过程中仪器从手中滑落。

（2）钳形电流表的使用方法

1）准备工作。

① 选择钳形电流表：根据测量对象的不同，正确选择不同型号的钳形电流表。

② 检查仪表的好坏：重点检查钳口上的绝缘材料（橡胶或塑料）有无脱落、破裂等现象；对于数字式钳形电流表，还需检查表内电池的电量是否充足，不足时必须更换新的电池。对于多用型钳

视频 7：用钳形电流表
测量电动机电流

形电流表，还应检查测试线和外接表笔有无损坏，要求测试线导电良好、绝缘完好。

③选择量程：根据被测电流的大小选择稍大于被测量值的量程，如图 1-35（a）所示。若被测电流大小未知，则应先选择最大量程挡试测，再调到合适的量程挡继续测量。

2）测量。量程选好之后，用手握住钳形电流表的手柄，使钳口张开，将被测载流导线夹于钳口之中，合拢钳口，这时可直接从液晶显示屏上读取电流的数值和单位。

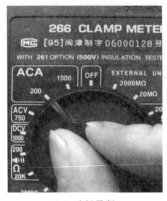 

（a）选择量程　　　　　　　　　　（b）测量电流

图 1-35　数字式钳形电流表的使用方法

注意：

- 每次测量完毕后一定要把功能旋钮放在最大电流量程挡，以防下次使用时由于未选择量程而造成仪表损坏。当长时间不使用钳形电流表时，应先取出电池再保存。
- 测量时，应使被测载流导线处在钳口的中央，并使钳口闭合紧密，以减少误差。被测线路的电压要低于钳形电流表的额定电压。测量时，钳口闭合后如有杂音，可打开钳口重合一次。若杂音仍不能消除，则应检查磁路上各接合面是否光洁，有尘污时要擦拭干净。当改变量程或功能时，任何一根表笔均要与被测电路断开。在进行电流测量时，务必将表笔从仪表上取出。
- 测量高压线路的电流时，要戴绝缘手套，穿绝缘鞋，站在绝缘垫上；身体各部位与带电体保持在安全距离（低压系统安全距离为 0.1~0.3m）。潮湿和雷雨天气不能在室外使用钳形电流表。
- 测量 5A 以下较小电流时，可将被测载流导线多绕几圈再放入钳口测量。被测的实际电流等于仪表读数除以放进钳口中导线的圈数。

任务实施

1. 练习使用万用表

（1）准备工具、仪表及器材

1）仪表：万用表、直流稳压电源等。

2）器材：完成本任务所需器材如表 1-7 所示。

表 1-7 所需器材

序 号	名 称	型 号	规 格	数 量
1	多用途插座	任选	单相，220V	1
2	桥式整流电路	任选	直流电压输出	2
3	变压器	EI-66 或自选	220V/12V，50Hz/60Hz	2

桥式整流电路模块如图 1-36 所示。交流 220V/12V 变压器如图 1-37 所示。桥式整流电路的原理图如图 1-38 所示。

图 1-36 桥式整流电路模块

图 1-37 交流 220V/12V 变压器

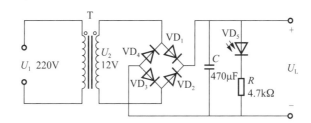

图 1-38 桥式整流电路的原理图

（2）使用指针式万用表进行测量

1）测量电阻。

① 将红表笔插入 "+" 孔，黑表笔插入 "–/COM" 孔。

② 选择合适的挡位与倍率，即 "$R \times 1k\Omega$" 挡，并进行电阻调零。

③ 用指针式万用表的红表笔接电路的 a 端，黑表笔接输出端的负极，如图 1-39 所示。

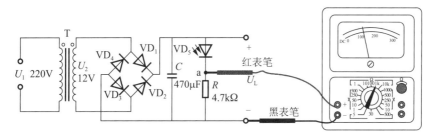

图 1-39 电阻测量的指针式万用表接入图

④ 正确读数。将测量结果填入表 1-8 中。

⑤ 将指针式万用表的两表笔交换接入电路的位置，正确读出示数，将测量结果填入表 1-8 中。

⑥ 将所测的电阻值与 R 的理论值 4.7kΩ 进行比较，并说明不一样的原因。

2）测量直流电压。

① 将红表笔插入"+"孔，黑表笔插入"–/COM"孔。

② 先把功能旋钮置于直流电压挡，选择合适的挡位，即"50V"挡进行测量。

③ 把红表笔接在输出端的正极，黑表笔接在输出端的负极，如图 1-40 所示。

④ 接通电源，正确读数。将测量结果填入表 1-8 中。

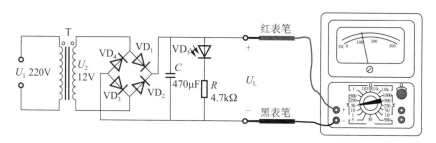

图 1-40　测直流电压的指针式万用表接入图

3）测量交流电压。

① 将红表笔插入"+"孔，黑表笔插入"–/COM"孔。

② 先把功能旋钮置于交流电压"50V"挡。

③ 把红、黑表笔分别接在模块的输入侧 b 端和 c 端，如图 1-41 所示。

④ 接通电源，正确读数。将测量结果填入表 1-8 中。

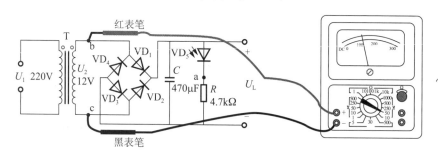

图 1-41　测交流电压的指针式万用表接入图

4）测量直流电流。

① 将红表笔插入"+"孔，黑表笔插入"–/COM"孔。

② 先把功能旋钮置于直流电流最高挡。

③ 接入负载电阻 1kΩ，将红表笔接入模块的输出端正极，黑表笔接入负载的一端，如图 1-42 所示。

④ 接通电源，正确读数。将测量结果填入表 1-8 中。

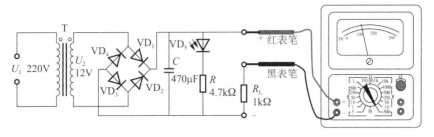

图 1-42　测直流电流的指针式万用表接入图

（3）使用数字式万用表进行测量

1）测量电阻。

① 将红表笔插入"VΩ"孔，黑表笔插入"COM"孔。

② 选择合适的挡位与倍率，即"$R \times 20k\Omega$"挡。

③ 用数字式万用表的红表笔接电路的 a 端，黑表笔接输出端的负极，如图 1-43 所示。

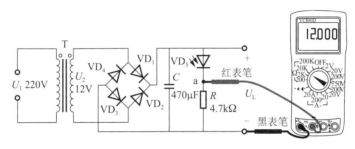

图 1-43　电阻测量的数字式万用表接入图

④ 正确读数。将测量结果填入表 1-8 中。

⑤ 将数字式万用表的两表笔交换接入电路的位置，正确读出示数，将测量结果填入表 1-8 中。

⑥ 将所测的电阻值与 R 的理论值 4.7kΩ 进行比较，并说明不一样的原因。

2）测量直流电压。

① 将红表笔插入"VΩ"孔，黑表笔插入"COM"孔。

② 把功能旋钮置于直流电压挡，选择合适的挡位，即"20V"挡进行测量。

③ 把红表笔接在输出端的正极，黑表笔接在输出端的负极，如图 1-44 所示。

④ 接通电源，正确读数。将测量结果填入表 1-8 中。

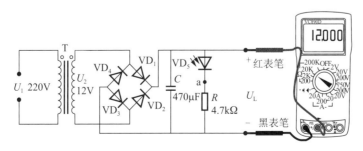

图 1-44　直流电压测量的数字式万用表接入图

3）测量交流电压。

① 将红表笔插入"VΩ"孔，黑表笔插入"COM"孔。

② 把功能旋钮置于交流电压"20V"挡。

③ 把红、黑表笔分别接在模块的输入侧 b 端和 c 端，如图 1-45 所示。

④ 接通电源，正确读数。将测量结果填入表 1-8 中。

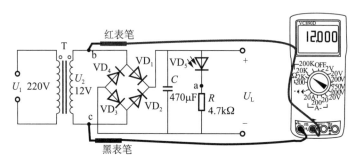

图 1-45　交流电压测量的数字式万用表接入图

4）测量直流电流。

① 将红表笔插入"mA"孔，黑表笔插入"COM"孔。

② 把功能旋钮置于直流电流最高挡。

③ 接入负载电阻 1kΩ，将红表笔接入模块的输出端正极，黑表笔接入负载电阻的一端，如图 1-46 所示。

④ 接通电源，正确读数。若示数显示较小，则逐级降低挡位，直至读出精确值。将测量结果填入表 1-8 中。

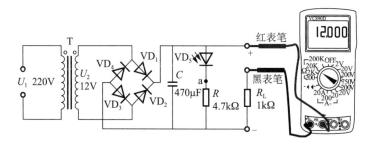

图 1-46　直流电流测量的数字式万用表接入图

表 1-8　万用表测量记录表

项　目	电 阻 值		空载直流电压	交流电压	负载直流电流
	第 1 次	第 2 次			
指针式万用表					
数字式万用表					
理论值 R	4.7kΩ		16.9V	12V	—
理由说明			—	—	—

2. 练习使用兆欧表

（1）准备工具、仪表及器材

1）工具：尖嘴钳、斜口钳、剥线钳、螺钉旋具、活扳手等。

2）仪表：兆欧表等。

3）器材：完成本任务所需器材如表1-9所示。

表 1-9　所需器材

序 号	名 称	型 号	规 格	数 量
1	三相交流异步电动机	Y-112M-4（或自定）	额定功率 4kW、额定电压 380V、额定电流 8.8A，三角形联结，转速 1440r/min	1

（2）测量电动机绝缘电阻

由于本练习采用 380V 三相交流异步电动机，因此选择 500V 兆欧表进行测量。如果测量得到的绝缘电阻数值等于或大于 0.5MΩ，则表明电动机绝缘电阻符合要求。

1）外观检查：接线端子应完好无损，表盘刻度清晰，指针正常无扭曲，平放时指针应偏向"∞"一侧，水平方向摆动时指针随之摆动无障碍。

2）测量前先检查兆欧表是否能正常使用。

3）打开接线盒，拆卸连接片和电源引线。

① 对称拆卸电动机接线盒连接螺母，打开接线盒。

② 用验电笔测试电动机三相绕组是否带电。如果带电，则用绝缘导线进行充分放电（需 2～3min）。

③ 检查电动机三相接法，拆卸连接片和电源引线。

4）确定测量点。

① 确定绕组三个首端 U_1、V_1、W_1（或三个尾端 U_2、V_2、W_2）作为绕组间绝缘电阻测量点。

② 确定绕组三个首端 U_1、V_1、W_1（或三个尾端 U_2、V_2、W_2）与电动机接地端（或机壳）作为绕组对地绝缘电阻测量点。

③ 用细砂纸擦除测量点处的铁锈，用棉纱布擦净测量点。

5）测量电动机绕组间的绝缘电阻。

① 把兆欧表红色测量引线的一端连接到兆欧表的 L 接线柱，另一端连接到电动机绕组 U 的首端 U_1（或尾端 U_2）；把黑色测量引线的一端连接到兆欧表的 E 接线柱，另一端连接到电动机绕组 V 的首端 V_1（或尾端 V_2）。

② 在远离磁场的地点，水平放置兆欧表，一只手按住表壳，保持表身不抖动，另一只手顺时针摇动手柄到额定转速（约120r/min），待指针不再转动（时间为1min左右）时读出的数值就是绝缘电阻值。将测出的绝缘电阻值记录在表1-10中。如果指针指在"0"处，则表明被测绕组绝缘损坏，应停止摇动，否则会损坏兆欧表。

③ 完成绕组 U 和绕组 V 之间的绝缘电阻的测量后，应将被测绕组 U 和绕组 V 对地进行放电。放电的具体方法是：把测量时使用的测量引线从兆欧表的 L 接线柱和 E 接线柱上取下来，分别短接一下电动机接地端（或机壳）即可。

④ 按照上述方法，测量绕组 U 和绕组 W 之间的绝缘电阻，并将测量的绝缘电阻值记录在表 1-10 中。

⑤ 按照上述方法，测量绕组 V 和绕组 W 之间的绝缘电阻，并将测量的绝缘电阻值记录在表 1-10 中。

6）测量电动机绕组对地的绝缘电阻。

① 把兆欧表红色测量引线的一端连接到兆欧表的 L 接线柱，另一端连接到电动机绕组 U 的首端 U_1（或尾端 U_2）；把黑色测量引线的一端连接到兆欧表的 E 接线柱，另一端连接到电动机的接地端（或机壳）。

② 在远离磁场的地点，水平放置兆欧表，一只手按住表壳，保持表身不抖动，另一只手顺时针摇动手柄到额定转速（约120r/min），待指针不再转动（时间为1min左右）时读出的数值就是绝缘电阻值。将测出的绝缘电阻值记录在表1-10中。如果指针指在"0"处，表明被测绕组绝缘损坏，应停止摇动，否则损坏兆欧表。

③ 完成绕组U的对地绝缘电阻的测量后，应将被测绕组U对地进行放电。放电的具体方法是：把测量时使用的黑色测量引线从兆欧表上取下来，短接U端子即可。

④ 按照上述方法，测量绕组 V 的对地绝缘电阻，并将测量的绝缘电阻值记录在表 1-10 中。

⑤ 按照上述方法，测量绕组 W 的对地绝缘电阻，并将测量的绝缘电阻值记录在表 1-10 中。

7）测后恢复。

① 按照拆卸的相反顺序安装连接片、电源引线和接线盒盖，对称拧紧连接螺母。检查无误后，摘下停运牌。

② 清洁和收回工具、用具，清理现场。

表 1-10 电动机绝缘电阻测量记录表

绝缘电阻	绕组 U_1—V_1	绕组 U_1—W_1	绕组 V_1—W_1	绕组 U_1—地	绕组 V_1—地	绕组 W_1—地
测量值 1						
测量值 2						
检测结论	电动机绝缘电阻是否符合要求（　　　）					

3．练习钳形电流表

（1）准备工具、仪表及器材

1）工具：尖嘴钳、斜口钳、剥线钳、螺钉旋具、活扳手等。

2）仪表：钳形电流表等。

3）器材：完成本任务所需器材如表 1-11 所示。

表 1-11 所需器材

序　号	名　称	型　号	规　格	数　量
1	三相交流异步电动机	Y-112M-4（或自定）	额定功率 4kW、额定电压 380V、额定电流 8.8A，三角形联结，转速 1440r/min	1
2	三相导线	铜芯软线	RV0.75（或自定）	若干

（2）测量电动机三相电流

1）检查钳形电流表是否完好，按下铁心扳手，看钳口是否能够灵活开启。

2）根据铭牌标示确定空载电流，选择合适量程。测量时，应使被测导线处于钳口的中央，并使钳口闭合紧密，以减少误差。测量完毕一定要将功能旋钮放在最大量程挡，以免再次使用时，由于疏忽未选择量程而损坏仪表。

3）在教师指导下，先将电动机定子绕组接成三角形，再将已连接好的三相异步电动机接通电源使其空载运行，然后分别用钳形电流表依次钳入U、V、W三相导线，观察钳形电流表显示数值，并将测量结果记录在表1-12中。

4）再将电动机定子绕组接成星形，重复上面的测量步骤，并将测量结果记录在表1-12中。

表 1-12 电动机相电流记录表

电动机接法/相线	U 相	V 相	W 相
三角形联结			
星形联结			

任务评价

常用电工仪表使用评分记录表如表1-13所示。

表 1-13 常用电工仪表使用评分记录表

序 号	任 务	评价项目		评价标准	配 分	得 分	备 注
1	准备和使用工具、仪表及器材	工具、仪表及器材准备齐全		工具、仪表及器材准备不齐全，每少1件扣2分	10		
2	练习使用万用表	电阻测量		测量方法或结果不正确，扣8分	8		
		交流电压测量		测量方法或结果不正确，扣8分	8		
		直流电压测量		测量方法或结果不正确，扣8分	8		
		直流电流测量		测量方法或结果不正确，扣8分	8		
3	练习使用兆欧表	测量电动机绝缘电阻	测量前对兆欧表校表	测量前没有校表，扣10分	10		
			绕组之间	测量方法不正确或检测结论不正确，扣10分	10		
			绕组对地	测量方法不正确或检测结论不正确，扣10分	10		
4	练习使用钳形电流表	测量电动机的三相电流		每错1处扣4分	18		
5	安全文明生产（7S）	整理		工具、器具摆放整齐	1		
		整顿		工具、器具和各种材料摆放有序、科学合理	1		
		清扫		实训结束后，及时打扫实训场地卫生	2		

续表

序　号	任　务	评价项目	评价标准	配　分	得　分	备　注
5	安全文明生产（7S）	清洁	保持工作场地清洁	2		
		素养	遵守纪律，文明实训	2		
		节约	节约材料，不浪费	2		
		安全	人身安全，设备安全	否定项		
总　分				100		
开始时间		结束时间		实际用时		

思考与练习

一、判断题

1. 电气设备起火燃烧，可使用泡沫灭火器进行灭火。　　　　　（　　）

2. 严禁将电源引线的线头直接插入插座孔内使用。　　　　　　（　　）

3. 用万用表测量电阻时，读数的有效范围为中心值的 0.1 ～ 10 倍。（　　）

4. 万用表电阻挡刻度是不均匀的。　　　　　　　　　　　　　（　　）

5. 兆欧表的接线端有三个端子，其中 L 为线路端，E 为接地端，G 为屏蔽端。

（　　）

6. 兆欧表和被测设备之间的连接导线应为双股线。　　　　　（　　）

7. 测量额定电压在 500V 以上的电气设备绝缘电阻时，一般应选择额定电压为 500V 的兆欧表。　　　　　　　　　　　　　　　　　　　　　　（　　）

二、选择题

1. 影响电流对人体伤害程度的主要因素有（　　）。

A. 电流的大小、人体电阻、通电时间的长短、电流的频率、电压的高低、电流的途径、人体状况

B. 电流的大小、人体电阻、通电时间的长短、电流的频率

C. 电流的途径、人体状况

D. 以上选项均正确

2. 验电笔、钢丝钳、螺钉旋具属于（　　）。

A. 电器特用工具　　　　　　　　B. 线路安装工具

C. 电工通用工具　　　　　　　　D. 专业工具

3. 验电笔可检测（　　）.V 的电压。

A. 6 ～ 36　　　B. 24 ～ 110　　　C. 60 ～ 500　　　D. 380 ～ 1500

4. 使用万用表时要注意（　　）。

A. 挡位及量程是否正确

B. 测量完毕应把挡位置于最大电流挡

C. 测量电阻时，转换挡位后不必进行欧姆调零

D. 测量电流时，最好使指针处于刻度盘 1/3 ～ 1/2 位置

5. 用万用表的直流电压挡测量整流电路输出的电压时,其读数为输出波形的(　　)。

　　A. 总的有效值　　　　　　　　　　B. 平均值

　　C. 最大值　　　　　　　　　　　　D. 交流分量的有效值

6. 如果不能确定被测电流的大小,应该先选择 (　　) 进行测量。

　　A. 任意量程　　　　B. 小量程　　　　C. 大量程　　　　　D. 中间量程

7. 用兆欧表测量绝缘电阻时,兆欧表的转速 (　　)。

　　A. 快慢都可以　　　　　　　　　　B. 最好在 120r/min

　　C. 最好在 240r/min　　　　　　　　D. 最好在 60r/min

三、简答题

1. 什么是触电?人体的触电类型有哪些?

2. 什么是电击?什么是电伤?

3. 钳形电流表能否测量直流电流?为什么?能否将电动机的三根电源线一起放入钳口进行电动机工作电流的测量?为什么?

项目 2

电阻器电路的装接与测量

项目概述

电阻器电路是一种将电能转化为热能的电路，在日常生活中应用广泛。电阻器电路按照电阻器的连接方式不同，通常分为电阻器串联电路、电阻器并联电路和电阻器混联电路。

本项目分为四个任务，主要学习电阻器电路的基本知识，电阻器串联电路、电阻器并联电路和电阻器混联电路的特点及应用，同时对基本电阻器电路进行装接及测量。

任务 2.1　认识电阻器电路

任务目标

知识目标

● 了解电路的基本组成及各部分的作用。
● 能区别电路的工作状态。
● 了解常用电阻器的外形和符号。

技能目标

● 能根据色环电阻器的色环准确说出电阻器的阻值。
● 会使用万用表测量电阻器的阻值。

任务描述

本任务学习电路的基本知识、电路的工作状态和常用电阻器，并进行电阻器阻值的测量实训。

认识电阻器电路	任务准备	电路和电路图
		电路的工作状态
		常用电阻器
	任务实施	准备工具、仪表及器材
		测量电阻

任务准备

1. 电路和电路图

电路是为了实现和完成人们的某种需求，由电源、开关、负载、导线等电气元件或装置按照一定方式组合起来的，能够使电流流通的整体。例如，如图 2-1 所示，用导线将开关、干电池、小灯泡连接起来，只要合上开关，有电流流过，小灯泡就会点亮。

电路的主要功能，一是进行能量的产生、传输与转换，二是信号的传递、变换与处理。电路的结构形式多样，繁简不一，功能也不尽相同。在研究电路的工作原理时，通常用一些规定的图形符号来代表实际的电路元件，并用连线表示它们之间的连接关系，这样的原理布局图简称电路图。例如，图 2-1 是电路实物接线图，图 2-2 是按实物接线图画出的电路图。

（1）电源

电源是给电路提供电能的设备，它是将其他形式的能（化学能、机械能、光能等）转换为电能的装置，其作用是向负载提供电能。常见的电源有干电池、蓄电池、发电机等。

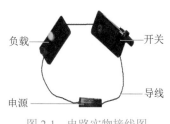

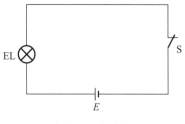

图 2-1 电路实物接线图　　　　　　　　　图 2-2 电路图

（2）负载

负载又称用电器，它是消耗电能的装置，其作用是将电能转换为其他形式的能。常见的负载有电灯、电动机、扬声器等。

（3）开关

开关是控制装置，用于控制电路的导通和断开。

（4）导线

导线在电路中起连接的作用。在一些电路中，为了保护电源和负载不受损坏，还安装了熔断器等保护装置。

2．电路的工作状态

电路有三种工作状态：通路（有载）、开路（断路）、短路。

（1）通路

在图 2-1 与图 2-2 所示电路中，开关 S 闭合，电路中有电流通过，这时电路处于通路状态，又称有载状态。

（2）开路

开路又称断路状态，是指电路中开关断开，导线连接断开、松脱或用电器烧坏时，电源和负载未构成闭合电路。此时，电路中没有电流通过，电源不向负载输送电能，如图 2-3 和图 2-4 所示电路。

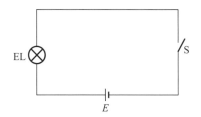

图 2-3 开路状态实物接线图　　　　　　　图 2-4 开路状态电路原理图

（3）短路

在图 2-5 和图 2-6 所示电路中，电流由正极经过导线流回负极的过程中，不经过任何负载(用电器)，称为电源短路。短路时电源提供的电流将比通路时提供的电流大得多，一般情况下不允许短路。如果短路，严重时则会烧坏电源并发生火灾。

开关

电源

图 2-5 短路状态实物接线图

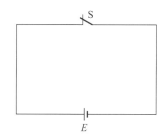

S

E

图 2-6 短路状态电路原理图

电路的三种状态在生活中随处可见，如将电灯的开关合上，电灯点亮，就是一种通路状态；当把开关断开时，电灯熄灭，就是一种开路状态。当两根电线（相线、中性线）外皮破损，并且两根电线碰在一起时，就是一种短路状态。

3. 常用电阻器

在各种各样的电路中，常用到具有一定阻值的元件，称为电阻器，简称电阻。常用电阻器的外形和符号如表 2-1 所示。

表 2-1 常用电阻器的外形和符号

类 型	名 称	外 形	电路符号	特 点
固定电阻器	碳膜电阻器			稳定性良好，负温度系数小，高频特性好，受电压和频率影响较小，噪声电动势较小，脉冲负载稳定，阻值范围宽，制作容易，生产成本低
	线绕电阻器		R	阻值精度较高，工作时噪声小，稳定可靠，温度系数小，能承受高温，在环境温度为 170℃时仍能正常工作。但是体积大、阻值较低，大多在 100kΩ 以下
	金属膜电阻器			精度高，性能稳定，功率负载大，电流噪声小，高频性能好，结构简单、轻巧。它的耐热性、噪声电动势、温度系数、电压系数等性能均比碳膜电阻器优良
可变电阻器	热敏电阻器		R	温度灵敏度高，热惰性小，寿命长，体积小，结构简单，可制成各种不同的外形结构
可调电阻器	滑动变阻器		R_P	滑动变阻器的电阻丝一般是熔点高、电阻大的镍铬合金，金属杆一般是电阻小的金属，可灵活改变电阻的阻值

类　型	名　称	外　形	电路符号	特　点
可调电阻器	合成膜电位器		R_P	制作工艺相对简单，而且具有阻值范围宽（几百欧至几兆欧）、分辨率高、成本低、稳定性好、噪声低的优点
	金属膜电位器			耐热，分辨率高，接触电阻小，分布电容和电感小，噪声低

色环电阻器是在电阻器封装面（即电阻器表面）涂一定颜色的色环，用以代表这个电阻器的阻值。色环电阻器分四色环电阻器、五色环电阻器和六色环电阻器。普通的电阻器为四色环，高精密的电阻器用五色环表示，另外，还有六色环的色环电阻器（此种电阻器只用于高科技产品且价格十分昂贵）。色环电阻器的识读如图 2-7 所示。

（1）四色环电阻器

四色环电阻器是指用四条色环表示阻值的电阻器。识读方法是：首先观察四条色环，找到间距最宽的两条色环，靠近电阻器一端的代表误差色环，接着把靠近误差色环的一端放在右边，从左向右数，第一条色环表示阻值的第一位数字，第二条色环表示阻值的第二位数字，第三条色环表示阻值倍乘的数，第四条色环表示阻值允许的误差。

如图 2-7 中的四色环电阻器，第一条色环为红色（代表 2）、第二条色环为紫色（代表 7）、第三条色环为橙色（代表 10^3 倍）、第四条色环为金色（代表 ±5%），那么这个电阻器的阻值应该是 $27\Omega \times 10^3 = 27000\Omega$，阻值的误差范围为 ±5%。

（2）五色环电阻器

五色环电阻器是指用五条色环表示阻值的电阻器。识读方法是：首先观察五条色环，找到间距最宽的两条色环，靠近电阻器一端的代表误差色环，接着把靠近误差色环的一端放在右边，从左向右数，第一条色环表示阻值的第一位数字，第二条色环表示阻值的第二位数字，第三条色环表示阻值的第三位数字，第四条色环表示阻值的倍乘数，第五条色环表示阻值允许的误差。

如图 2-7 中的五色环电阻器，第一条色环为红色（代表 2）、第二条色环为黑色（代表 0）、第三条色环为黑色（代表 0）、第四条色环为黑色（代表 10^0 倍）、第五条色环为棕色（代表 ±1%），则其阻值为 $200\Omega \times 10^0 = 200\Omega$，误差范围为 ±1%。

（3）六色环电阻器

六色环电阻器是指用六条色环表示阻值的电阻器。六色环电阻器的前五条色环与五色环电阻器表示方法一样，第六条色环表示该电阻器的温度系数。

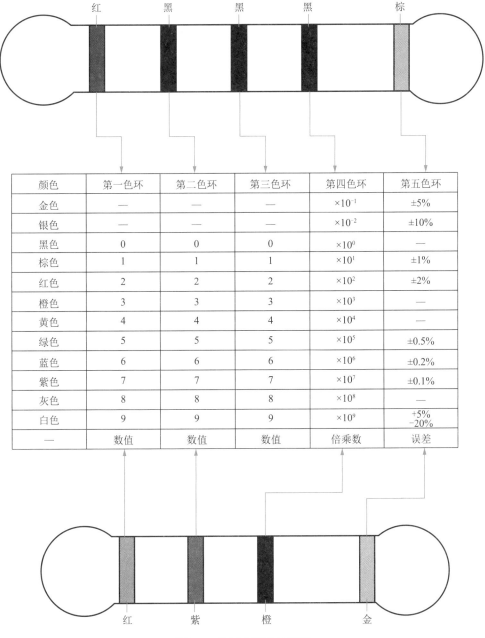

颜色	第一色环	第二色环	第三色环	第四色环	第五色环
金色	—	—	—	$\times10^{-1}$	$\pm5\%$
银色	—	—	—	$\times10^{-2}$	$\pm10\%$
黑色	0	0	0	$\times10^{0}$	—
棕色	1	1	1	$\times10^{1}$	$\pm1\%$
红色	2	2	2	$\times10^{2}$	$\pm2\%$
橙色	3	3	3	$\times10^{3}$	—
黄色	4	4	4	$\times10^{4}$	—
绿色	5	5	5	$\times10^{5}$	$\pm0.5\%$
蓝色	6	6	6	$\times10^{6}$	$\pm0.2\%$
紫色	7	7	7	$\times10^{7}$	$\pm0.1\%$
灰色	8	8	8	$\times10^{8}$	—
白色	9	9	9	$\times10^{9}$	$+5\%$ -20%
—	数值	数值	数值	倍乘数	误差

图 2-7　色环电阻器的识读

任务实施

1. 准备工具、仪表及器材

1）仪表：数字式万用表。

2）器材：完成本任务所需器材如表 2-2 所示。

表 2-2　所需器材表

序　号	名　称	型　号	规　格	数　量
1	固定电阻器		100Ω	1
2	固定电阻器		1kΩ	1
3	固定电阻器		10kΩ	1
4	固定电阻器		100kΩ	1
5	固定电阻器		2MΩ	1

2．测量电阻

（1）测量步骤

1）将黑表笔插入"COM"孔，将红表笔插入"VΩ"孔。

2）将黑表笔和红表笔分别接在电阻器两端引脚上。

3）将显示屏上显示的测量结果填入表 2-3 中，注意数值后显示的单位。

表 2-3　记录电阻的测量值

序　号	元器件名称	型号 / 规格	检测结果	误　差
1				
2				
3				
4				
5				

（2）注意事项

用数字式万用表测量电阻时应注意以下几点。

1）如图 2-8 所示，测量电路中的电阻器阻值时，应先断开开关。

2）如图 2-9 所示，测量时注意不要用手同时接触电阻器两端引脚部分，这是因为人体是一个很大电阻的导体，这样操作会引起测量误差。

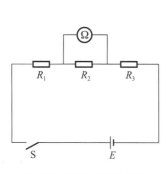

图 2-8　测量前断开开关

图 2-9　错误的测量动作

3）如图 2-10 所示，测量电路某一条路径中电阻器的阻值，应先断开电阻器的一端。

4）测量 1MΩ 以上的电阻时，数字式万用表要经过几秒后读数才能稳定，这是正常现象。

5）如果被测电阻的阻值超过数字式万用表最大量程，则数字式万用表将显示"1"。

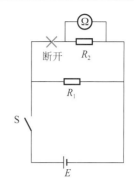

任务评价

数字式万用表测量电阻器阻值的评分记录表如表 2-4 所示。

图 2-10　测量时断开电阻的一端

表 2-4　数字式万用表测量电阻器阻值的评分记录表

序　号	任　务	评价项目	评价标准	配　分	得　分	备　注
1	准备工具、仪表及器材	工具、仪表及器材准备齐全，使用规范	工具、仪表及器材准备不齐全，每少 1 件扣 1 分； 工具、仪表及器材使用不规范，每件扣 1 分	5		
2	测量电阻	测量电阻器阻值	元器件名称填写不正确，每空扣 2 分	10		
			测量方法不正确，每次扣 7 分	35		
			检测结果不正确，每空扣 8 分	40		
3	安全文明生产（7S）	整理	工具、器具摆放整齐	1		
		整顿	工具、器具和各种材料摆放有序、科学合理	1		
		清扫	实训结束后，及时打扫实训场地卫生	2		
		清洁	保持工作场地清洁	2		
		素养	遵守纪律，文明实训	2		
		节约	节约材料，不浪费	2		
		安全	人身安全，设备安全	否定项		
总　分				100		
开始时间		结束时间		实际用时		

任务拓展

1. 部分电路欧姆定律

如图 2-11 所示，在不包含电源的电路中，当负载 R 两端加上电压 U 时，负载中就有电流 I 通过。德国科学家欧姆通过实验证明：流过负载的电流 I 与加在负载两端的电压 U 成正比，与负载的电阻 R 成反比，这一结论称为部分电路欧姆定律。部分电路欧姆定律可表示为

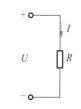

图 2-11　部分电路图

$$I = \frac{U}{R}$$

（2-1）

式中，电流的单位为安培（A），电压的单位为伏特（V），电阻的单位为欧姆（Ω）。

例 2-1 某一个电阻器，两端加上 50V 电压时，通过的电流为 10A；当电阻器两端加上 10V 电压时，通过的电流是多少？

解：根据部分电路欧姆定律可得

$$R = \frac{U_1}{I_1} = \frac{50}{10} = 5(\Omega)$$

$$I_2 = \frac{U_2}{R} = \frac{10}{5} = 2(A)$$

由此可知，此时通过的电流是 2A。

2. 电功率

不同的用电器，在相同的时间里所消耗的电能是不相同的，即电流做功快慢是不一样的。我们用电功率描述电流做功的快慢。电流在单位时间内所做的功称为电功率，用字母 P 表示，其计算公式为

$$P = \frac{W}{t} = UI \tag{2-2}$$

电功率的单位为瓦特（W），简称瓦。

对于纯电阻电路，式（2-2）还可以写成

$$P = I^2R \quad \text{或} \quad P = \frac{U^2}{R} \tag{2-3}$$

例 2-2 已知电炉丝的电阻是 44Ω，通过的电流是 5A，电炉的电功率是多少？

解：根据电功率公式（2-3）可得

$$P = I^2R = 5^2 \times 44 = 1100(W)$$

由此可知，电炉的电功率是 1100W。

任务 2.2 装接与测量电阻器串联电路

任务目标

知识目标

- 理解电阻器串联的特点及实际应用。
- 能运用电阻器串联关系分析计算简单电路。

技能目标

- 能装接电阻器串联电路。
- 能测量电阻器串联电路的参数。

任务描述

本任务学习电阻器串联电路的知识，并进行电阻器串联电路的装接和参数测量。

装接与测量电阻器串联电路	任务准备	电阻器串联电路
	任务实施	准备工具、仪表及器材
		检测元器件
		连接电阻器串联电路
		测量电阻器串联电路的参数

任务准备

电阻器串联电路

将若干个电阻器一个接一个地顺次首尾连接，称为电阻器的串联。图 2-12 所示是由三个电阻器 R_1、R_2、R_3 组成的电阻器串联电路。

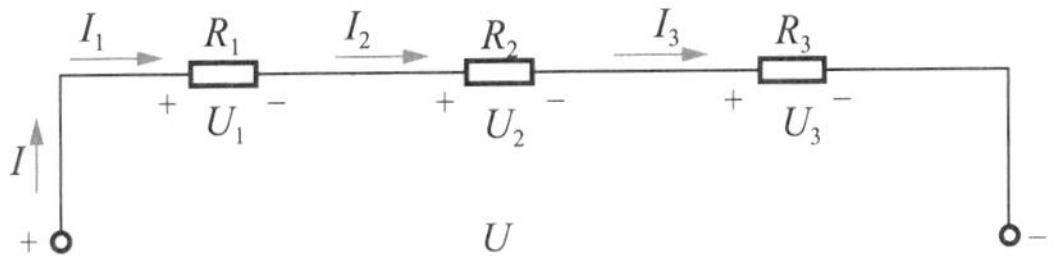

图 2-12　电阻器串联电路

电阻器串联电路具有以下特点。

1）电路中流经各电阻器的电流相等，即

$$I=I_1=I_2=\cdots=I_n \tag{2-4}$$

2）电路中的总电压等于各个电阻器两端的电压之和，即

$$U=U_1+U_2+\cdots+U_n \tag{2-5}$$

3）电路的总电阻（即等效电阻）等于各串联电阻器的阻值之和，即

$$R=R_1+R_2+\cdots+R_n \tag{2-6}$$

4）电路中各个电阻器两端的电压与其阻值成正比，即

$$\frac{U}{R}=\frac{U_1}{R_1}=\frac{U_2}{R_2}=\cdots=\frac{U_n}{R_n} \tag{2-7}$$

5）电路中各个电阻器消耗的功率与其阻值成正比，即

$$\frac{P}{R}=\frac{P_1}{R_1}=\frac{P_2}{R_2}=\cdots=\frac{P_n}{R_n} \tag{2-8}$$

电阻器串联的应用很广泛，在实际工作中常见的有如下几种。

1）用几种电阻器串联来获得阻值较大的电阻。

2）采用几个电阻器构成分压器，使用同一个电源能供给几种不同的电压。

3）当负载的额定电压低于电源电压时，可用串联电阻器的办法来满足负载接入电源使用的需要。

4）利用串联电阻器的方法来限制和调节电路中电流的大小。

任务实施

1. 准备工具、仪表及器材

1）工具：斜口钳、剥线钳等常用电工工具。

2）仪表：数字式万用表。

3）器材：完成本任务所需器材如表2-5所示。

表2-5 所需器材

序　号	名　称	型　号	规　格	数　量
1	固定电阻		1kΩ	3
2	面包板		SYB-500（可自定）	1
3	面包板连接线			若干
4	导线			若干
5	鳄鱼夹			若干
6	干电池		1.5V	若干
7	开关器件			1

2. 检测元器件

根据给出的电阻器串联电路（图2-13），选择所需元器件进行检测，并在表2-6中填写相关内容。

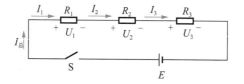

图2-13　电阻串联电路

表2-6 元器件检测记录表

序　号	元器件代号	元器件名称	型号规格	检测结果	备　注
1	E	直流电源			
2	S	开关			
3	R_1	固定电阻器			
4	R_2	固定电阻器			
5	R_3	固定电阻器			

3．连接电阻器串联电路

按照图 2-13 所示的电路图，完成电阻器串联电路的连接。

4．测量电阻器串联电路的参数

（1）通电前的参数测量

进行通电前的参数测量，并将测量结果填入表 2-7 中。

表 2-7　通电前参数测量记录表

序　号	测量对象	标称值	测量值	备　注
1	R_1			
2	R_2			
3	R_3			
4	$R_总$			

（2）通电后的参数测量

进行通电后的参数测量，并将测量结果填入表 2-8 中。

表 2-8　通电后参数测量记录表

序　号	测量对象	理　论值	测　量值	备　注
1	$U_总$			
2	U_1			
3	U_2			
4	U_3			
5	$I_总$			
6	I_1			
7	I_2			
8	I_3			
9	计算 $P_总$			
10	计算 P_1			
11	计算 P_2			
12	计算 P_3			

根据实际测量的数据分析验证式（2-4）～式（2-8）。

① $I_总 =$ ＿＿＿＿＿＿＿，$I_1 =$ ＿＿＿＿＿＿＿，$I_2 =$ ＿＿＿＿＿＿＿，$I_3 =$ ＿＿＿＿＿＿＿。

② $U_总 =$ ＿＿＿＿＿＿＿，$U_1 + U_2 + U_3 =$ ＿＿＿＿＿＿＿。

③ $R_总 =$ ＿＿＿＿＿＿＿，$R_1 + R_2 + R_3 =$ ＿＿＿＿＿＿＿。

④ $P_总 =$ ＿＿＿＿＿＿＿，$P_1 + P_2 + P_3 =$ ＿＿＿＿＿＿＿。

任务评价

电阻器串联电路的装接与测量评分记录表如表 2-9 所示。

表2-9　电阻器串联电路的装接与测量评分记录表

序号	任务	评价项目		评价标准	配分	得分	备注
1	准备和使用工具、仪表和器材	工具、仪表和器材准备齐全，使用规范		工具、仪表和器材准备不齐全，每少1件扣1分；工具、仪表和器材使用不规范，每件扣1分	5		
2	检测元器件	元器件识读与检测		元器件名称填写不正确，每空扣1分	5		
				测量方法不正确，扣1～9分	9		
				检测结果不正确，每空扣1分	5		
3	连接电阻器串联电路	按照操作规范要求完成实验接线		电阻器串联电路导线连接不正确，扣5～10分	10		
				电阻器串联电路导线连接不工整，扣1～5分	5		
				电阻器串联电路接触不良，扣1～5分	5		
4	测量电阻器串联电路的参数	通电前的参数测量	电阻的测量	测量方法不正确或检测结果不正确，扣1～10分	10		
		通电后的参数测量	电压的测量	测量方法不正确或检测结果不正确，扣1～10分	10		
			电流的测量	测量方法不正确或检测结果不正确，扣1～10分	10		
			电功率的计算	计算结果不正确，每空扣2分	16		
5	安全文明生产（7S）	整理		工具、器具摆放整齐	1		
		整顿		工具、器具和各种材料摆放有序、科学合理	1		
		清扫		实训结束后，及时打扫实训场地卫生	2		
		清洁		保持工作场地清洁	2		
		素养		遵守纪律，文明实训	2		
		节约		节约材料，不浪费	2		
		安全		人身安全，设备安全	否定项		
总　分					100		
开始时间			结束时间		实际用时		

任务 2.3　装接与测量电阻器并联电路

任务目标

知识目标

● 了解电阻器并联电路的实际应用。

● 熟练掌握电阻器并联电路的电压、电流和电阻的特点。

● 能运用电阻器并联关系分析计算简单电路。

技能目标

● 能用面包板搭建简单的电阻器并联电路。

● 能用数字式万用表测量电阻器并联电路的电流、电压和电阻。

任务描述

本任务学习电阻器并联电路的知识，并进行电阻器并联电路的装接和参数测量。

	任务准备	电阻器并联电路
装接与测量电阻器 并联电路	任务实施	准备工具、仪表及器材
		检测元器件
		连接电阻器并联电路
		测量电阻器并联电路的参数

任务准备

电阻器并联电路

把多个元件并列地连接起来，由同一个电源供电，就组成了并联电路。图 2-14 所示是由三个电阻器组成的并联电路。

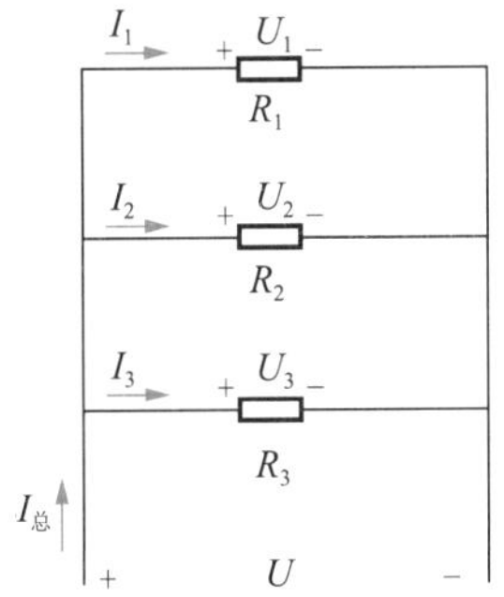

电阻器并联电路具有以下特点。

1）电路中各并联支路两端的电压相等，即

$$U=U_1=U_2=U_3=\cdots=U_n \qquad (2-9)$$

2）电路中的总电流等于各支路的电流之和，即

$$I_总=I_1+I_2+I_3+\cdots+I_n \qquad (2-10)$$

3）电路中的总电阻（等效电阻）的倒数等于各支路电阻倒数之和，即

$$\frac{1}{R}=\frac{1}{R_1}+\frac{1}{R_2}+\frac{1}{R_3}+\cdots+\frac{1}{R_n} \qquad (2-11)$$

图 2-14 电阻器的并联电路

电阻器并联的应用也非常广泛，在实际工作中常见的有如下几种。

1）用几个电阻器并联来获得阻值较小的电阻。

2）工作电压相同的负载几乎是并联的，如教室里的荧光灯、汽车上的照明灯。

3）在直流电路中，可以通过电阻器的并联来达到分流的目的。

任务实施

1. 准备工具、仪表及器材

1）工具：斜口钳、剥线钳、螺钉旋具等常用电工工具。

2）仪表：数字式万用表。

3）器材：完成本任务所需器材如表 2-10 所示。

表 2-10　所需器材

序　号	名　称	型　号	规　格	数　量
1	固定电阻器		1kΩ	3
2	面包板		MB-102（可自定）	1
3	面包板连接线			若干
4	导线			若干
5	直流电源		自定	1

2．检测元器件

根据给出的电阻器的并联电路（图 2-15），选择所需元器件进行检测，并在表 2-11 中填写相关内容。

表 2-11　元器件检测记录表

序　号	元器件代号	元器件名称	型号规格	检测结果	备　注
1	E	直流电源			
2	R_1	固定电阻器			
3	R_2	固定电阻器			
4	R_3	固定电阻器			

3．连接电阻器并联电路

按照图 2-15 所示的电路图，完成电阻器并联电路的连接。

注意：不能有电源短接的情况。

4．测量电阻器并联电路的参数

（1）通电前参数的测量

用数字式万用表测量各电阻器的阻值，并计算各电阻器阻值的倒数，验证式（2-11）是否正确（允许有 1% 的误差），并在表 2-12 中填写相关内容。

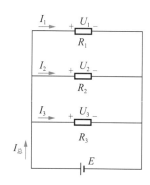

图 2-15　电阻器并联电路

表 2-12　电阻检测记录表

R_1	R_2	R_3	$R_总$	$1/R_1$	$1/R_2$	$1/R_3$	$(1/R_1)+(1/R_2)+(1/R_3)$	$1/R_总$
$(1/R_1)+(1/R_2)+(1/R_3)$ 与 $(1/R_总)$ 的关系								

（2）通电后参数的测量

用数字式万用表测量图 2-15 所示电路中的电流值和电压值，并计算各电流值的和，验证式（2-9）和式（2-10）是否正确（允许有 1% 的误差），并在表 2-13 和表 2-14 中填写相关内容。

表 2-13　电流检测记录表

I_1	I_2	I_3	$I_1+I_2+I_3$	$I_总$
$I_1+I_2+I_3$ 与 $I_总$ 的关系				

表 2-14　电压检测记录表

U_1	U_2	U_3	$U(E)$
U_1、U_2、U_3 和 U 的关系			

任务评价

电阻器并联电路的装接与测量评分记录表如表 2-15 所示。

表 2-15　电阻器并联电路的装接与测量评分记录表

序　号	任　务	评价项目	评价标准	配　分	得　分	备　注
1	准备和使用工具、仪表和器材	工具、仪表和器材准备齐全，使用规范	工具、仪表和器材不齐全，每少 1 件扣 1 分；工具、仪表和器材使用不规范，每件扣 1 分	14		
2	检测元器件	检测电阻器阻值	能正确使用数字式万用表；能正确检测电阻器阻值	10		
3	连接电阻器并联电路	按照操作规范要求完成接线	能正确连接电阻器并联电路；电阻器并联电路是否连接工整，无接触不良	20		
4	测量电阻器并联电路的参数	通电前的参数测量	能正确使用数字式万用表测量电阻	10		
		通电后的参数测量	能正确使用数字式万用表测量电流	10		
			能正确使用数字式万用表测量电压	10		
5	安全文明生产（7S）	整理	工具、器具摆放整齐	4		
		整顿	工具、器具和各种材料摆放有序、科学合理	4		
		清扫	实训结束后，及时打扫实训场地卫生	4		
		清洁	保持工作场地清洁	4		
		素养	遵守纪律，文明实训	4		
		节约	节约材料，不浪费	6		
		安全	人身安全，设备安全	否定项		
总　分				100		
开始时间		结束时间		实际用时		

装接与测量电阻器混联电路

任务目标

知识目标

● 理解混联电路的概念。
● 掌握混联电路的分析方法。

技能目标

● 会用面包板搭建简单的混联电路。
● 会用数字式万用表测量电阻器混联电路中的等效电阻。

任务描述

本任务学习电阻器混联电路的知识，并进行电阻器混联电路的装接和参数测量。

	任务准备	电阻器混联电路
装接与测量电阻器混联电路	任务实施	准备工具、仪表及器材
		检测元器件
		连接电阻器混联电路
		测量电阻器混联电路的参数

任务准备

电阻器混联电路

（1）电阻器混联电路的识别

在一个电路中，既有电阻器的串联，又有电阻器的并联，这种电路称为电阻器的混联电路，如图 2-16 所示。对于电阻器混联电路总电阻的计算，需要根据电阻器串联、并联的规律逐步求解。

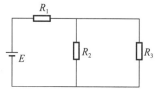

图 2-16　电阻器的混联电路

（2）电阻器混联电路的分析方法
电阻器混联电路的分析方法具体如下。

1）确定等电位点、标出相应的符号。导线的电阻和理想电流表的电阻可以忽略不计，可以认为导线和电流表连接的两点是等电位点。对等电位点标出相同的符号。

2）画出串联、并联关系清晰的等效电路图。由等电位点先确定电阻器的连接关系，再画电路图。根据支路多少，由简至繁，由电路的一端画到另一端。

3）分析电路。求出电路的总电阻。

任务实施

1. 准备工具、仪表及器材

1）工具：斜口钳、剥线钳、螺钉旋具等常用电工工具。

2）仪表：数字式万用表。

3）器材：完成本任务所需器材如表 2-16 所示。

表 2-16　所需器材

序　号	名　　称	型　　号	规　　格	数　　量
1	固定电阻器		1kΩ	3
2	面包板		MB-102（可自定）	1
3	面包板连接线			若干
4	导线			若干
5	直流电源		自定	1

2. 检测元器件

根据给出的电阻器的混联电路（图 2-16），选择所需元器件进行检测，并在表 2-17 中填写相关内容。

表 2-17　元器件检测记录表

序　　号	元器件代号	元器件名称	型号规格	检测结果	备　注
1	E	直流电源			
2	R_1	固定电阻器			
3	R_2	固定电阻器			
4	R_3	固定电阻器			

3. 连接电阻器混联电路

按照图 2-16 所示的电路图，完成电阻器混联电路的连接。

注意：不能有电源短接的情况。

4. 测量电阻器混联电路的参数

用数字式万用表测量各电阻器的阻值及电阻器混联电路的总电阻，并计算电阻器混联电路的总电阻。验证计算结果与实验结果是否一致（允许有 1% 的误差），并在

表 2-18 中填写相关内容。

表 2-18 电阻检测记录表

R_1	R_2	R_3	$R_总$（测量值）	$R_总$（计算值）
$R_总$测量值是否等于计算值				

任务评价

电阻器混联电路的装接与测量评分记录表如表 2-19 所示。

表 2-19 电阻器混联电路的装接与测量评分记录表

序 号	任 务	评价项目	评价标准	配 分	得 分	备 注
1	准备和使用工具、仪表和器材	工具、仪表和器材准备齐全，使用规范	工具、仪表和器材不齐全，每少 1 件扣 1 分；工具、仪表和器材不规范，每件扣 1 分	14		
2	检测元器件	检测电阻器阻值	能正确使用数字式万用表；能正确检测电阻器阻值	20		
3	连接电阻器混联电路	按照操作规范要求完成实验接线	能正确连接电阻器混联电路；电阻器混联电路是否连接工整，无接触不良	20		
4	测量电阻器混联电路的参数	数字式万用表的使用	能正确使用数字式万用表测电阻	20		
5	安全文明生产（7S）	整理	工具、器具摆放整齐	4		
		整顿	工具、器具和各种材料摆放有序、科学合理	4		
		清扫	实训结束后，及时打扫实训场地卫生	4		
		清洁	保持工作场地清洁	4		
		素养	遵守纪律，文明实训	4		
		节约	节约材料，不浪费	6		
		安全	人身安全，设备安全	否定项		
总 分				100		
开始时间		结束时间		实际用时		

思考与练习

一、判断题

1. 用万用表测量电阻器的阻值时，可以用双手拿住电阻器两端的引脚。 （   ）

2. 在开路状态下，电源电动势的大小为零。 （   ）

3. 在通路状态下，负载电阻变大，端电压变大。 （   ）

4．在短路状态下，端电压等于零。　　　　　　　　　　　　　　（　　）

5．负载电阻越大，在电路中所获得的功率就越大。　　　　　　　（　　）

二、选择题

1．灯 A 的额定电压为 220V，功率为 40W，灯 B 的额定电压为 220V，功率为 100W，若把它们串联到 220V 电源上，则（　　）。

　　A．灯 A 较亮　　　　B．灯 B 较亮　　　　C．两灯一样亮

2．标明 100Ω/40W 和 100Ω/25W 的两个电阻器串联时，允许加载的最大电压是（　　）V。

　　A．40　　　　　　　B．100　　　　　　　C．140

3．已知 $R_1>R_2>R_3$，若将此三个电阻器并联接在电压为 U 的电源上，获得最大功率的电阻将是（　　）。

　　A．R_1　　　　　　B．R_2　　　　　　C．R_3

4．标明 100Ω/16W 和 100Ω/25W 的两个电阻器并联时两端允许加载的最大电压是（　　）V。

　　A．40　　　　　　　B．50　　　　　　　C．90

5．用电压表测得电路端电压为零，这说明（　　）。

　　A．外电路断路　　　　　　　　　B．外电路短路

　　C．外电路上电流比较小　　　　　D．电源内电阻为零

三、简答题

1．电路主要由哪些部分组成？它们的主要功能是什么？

2．用数字式万用表测量电流时有哪些注意事项？

3．用数字式万用表测量电阻时有哪些注意事项？

四、计算题

1．有三个电阻器 $R_1=300Ω$，$R_2=200Ω$，$R_3=100Ω$，串联后接到 $U=6V$ 的直流电源上。试求：

（1）电路中的电流；

（2）各电阻器上的电压降；

（3）各个电阻器消耗的功率。

2．有三个电阻器 $R_1=300Ω$，$R_2=200Ω$，$R_3=100Ω$，并联后接到 $U=6V$ 的直流电源上。试求：

（1）电路中的电流；

（2）各电阻器上的电压降；

（3）各个电阻器消耗的功率。

3．图 2-17 中 $R_1=R_2=R_3=2Ω$，$R_4=R_5=4Ω$，试求 A、B 间的等效电阻 R_{AB}。

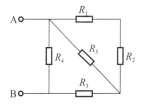

图 2-17　计算题图

项目 **3**

电容器电路的装接与测量

项目概述

电容器是电路的基本元件之一，在各种电子产品和电力设备中有着广泛的应用。

本项目分为两个任务，主要学习机电设备中常用电容器的结构，识读和检测常用电容器，掌握电容器充／放电电路的装接与参数测量方法。

任务 3.1　认识常用电容器

🎯 任务目标

知识目标

● 了解常用电容器的功能、种类。
● 掌握电容器的识读及检测。

技能目标

● 会识读各种常用电容器。
● 会检测各种常用电容器。

≔ 任务描述

本任务学习电容器的分类、电容器的识读、电容器的检测等知识与技能，并检测常用电容器。

	任务准备	电容器概述
		常用电容器的识读
认识常用电容器		常用电容器的检测
	任务实施	准备仪表和器材
		识别与检测各种电容器
		测量电容器的电容量

⏱ 任务准备

1. 电容器概述

（1）电容器

电容器通常简称电容，用字母 C 表示，是装电的容器，即一种容纳电荷、储存电能的元件。电容器具有充电、放电，以及隔直流、通交流的特性，因此广泛应用于隔直、耦合、旁路、滤波、去耦、调谐回路等方面。

（2）电容器的分类、符号和外形

电容器的种类较多，可按介质材料、结构和形状进行分类，如图 3-1 所示。从形状上看，电容器有圆片形、柱形、矩形和片状电容器。片状电容器因体积小，无引线，内部电感小，损耗小，高频特性好，耐潮性好，稳定性、可靠性高，故广泛应用在现代表面安装技术（surface mount technology, SMT）中。

几种常用电容器的电路符号如图 3-2 所示。

电解电容器一般是有极性的。它的极性常标示在外壳上，对于新电容器，引脚长的是正极，引脚短的是负极；钽电解电容器在外壳上直接标记"＋"表示正极；柱形贴片电解电容器在外壳上用黑色阴影表示负极；片状电解电容器在元件本体的一端用反色条表示负极。值得一提的是，变容二极管在应用中相当于可变电容器。

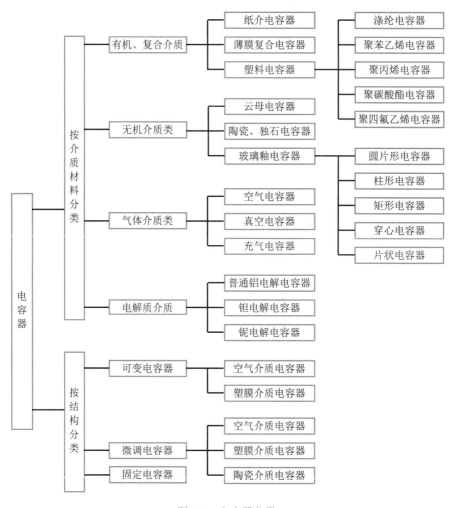

图3-1　电容器分类

（a）电容器的一般符号　（b）电解电容器　（c）可变电容器　（d）半可变电容器　（e）双联可变电容器

图3-2　几种常用电容器的电路符号

图3-3所示为常见电容器的外形。

2. 常用电容器的识读

（1）电容器的命名方法

电容器的型号一般由四部分组成（不适用于压敏电容器、可变电容器、真空电容器），如表 3-1 所示。

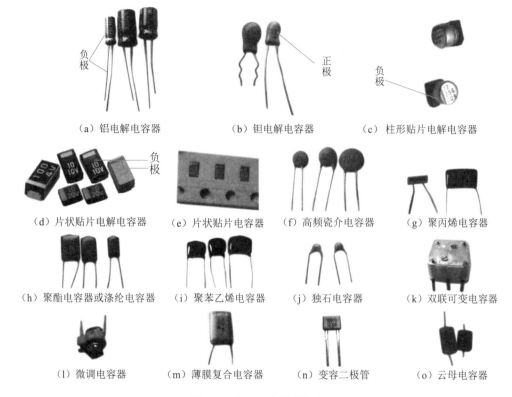

图 3-3 常见电容器的外形

表 3-1 电容器的命名方法和各部分的意义

第一部分：主称		第二部分：介质材料				第三部分：特征、分类					第四部分
符号	意义	符号	意义	符号	意义	符号	意义				序号
							瓷介	云母	有机性	电解电容	
C	电容器	A	钽电解质	O	玻璃膜	1	圆片	非密封	密封	箔式	对于材料相同可互换的，用同一个序号；影响互换的，在序号后面再用大写字母作为区分代号
		B	聚苯乙烯等	Q	漆膜	2	管形	非密封	非密封	箔式	
		BB	聚丙烯	S	聚碳酸酯	3	叠片	密封	密封	烧结粉固体	
		C	高频瓷	T	低频瓷	4	独石	密封	密封	烧结粉固体	
		D	铝电解质	V	云母纸	5	穿心				
		E	其他材料	Y	云母	6	支柱				
		G	合金电解质	Z	纸介	7				无极性	
		H	复合介质			8	高压	高压	高压		
		I	玻璃釉			9		特殊	特殊		
		J	金属化纸			G	高功率				
		L	涤纶			T	叠片式				
		N	铌电解质			W	微调				

例如，CCW1 代表圆片形微调瓷介电容器。其中，第一个 C 代表主称，即电容器；第二个 C 代表介质材料，即高频瓷；W 代表特征、分类，即微调；1 代表序号。又如，

CD71 代表无极性铝电解质电容器。

（2）电容器的主要参数

电容器的主要参数是额定工作电压、标称容量和允许误差等。

1）额定工作电压。额定工作电压（又称耐压）是指电容器在电路中长期工作所能承受的最高直流工作电压。在直流电路中，工作电压不能超过这个值；在交流电路中，交流电压最大值不能超过这个值，否则会被击穿损坏。对于结构、介质、容量相同的元器件，耐压越高，体积越大。电容器的额定工作电压有 6.3V、10V、16V、25V、63V、100V、160V、250V、400V、630V、1000V、1600V、2500V 等。

有些小型电解电容器，在正极引线的根部用颜色来表示其工作电压：6.3V 用棕色表示，10V 用红色表示，16V 用灰色表示。

2）电容器的标称容量和允许误差。电容量是表示电容器在一定工作条件下储存电能的能力，电容器上标示的电容量为电容器的标称容量。电容量的单位有法拉（F）、微法（μF）、纳法（nF）和皮法（pF）等，各单位之间的换算关系如下：

$$1F=10^6\mu F=10^9 nF=10^{12} pF$$

电容器的允许误差是实际电容量和标称电容量允许的最大偏差范围。一般瓷介、云母、玻璃釉、高频有机膜电容器的允许误差较小，而电解电容器、纸介电容器的允许误差较大。

（3）电容器的识读

电容器的标注方法有直标法、数码法、文字符号法、色标法四种。

1）直标法。电容器的各种参数直接用数字标注在电容器上的表示方法称为直标法，如图 3-4 所示。

2）数码法。标称容量一般用三位数字来表示容量的大小，前两位数字表示有效数字，第三位数字表示级数，即零的个数，单位为 pF，如图 3-5 所示。若第三位数字用"9"表示，则说明该电容的容量为 1～9.9pF，即这个"9"代表 10^{-1}。

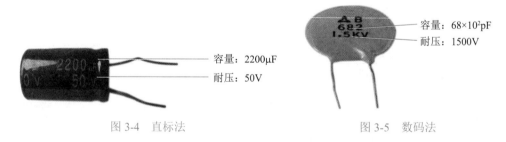

容量：2200μF
耐压：50V

容量：68×10²pF
耐压：1500V

图 3-4　直标法　　　　　　　　　图 3-5　数码法

3）文字符号法。文字符号法是用数字和字母相结合表示电容器容量的方法，字母前的数字表示整数值，字母后面的数字表示小数点后面的小数值，如图 3-6 所示。

容量：33nF
耐压：100V

图 3-6　文字符号法

4）色标法。色标法的读法与电阻相同，只是单位为 pF。

（4）认识电解电容器

本项目使用的电容元件是电解电容器。它有正极、负极之分，使用时一定要注意。其外形和电路符号如图 3-7 所示。外壳上标记的"2200μF/50V"表示该电解电容器的电容量为 2200μF，耐压为 50V。

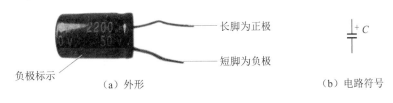

（a）外形　　　　　　　　　　　　（b）电路符号

图 3-7　电容器外形和电路符号

3．常用电容器的检测

电容器常见故障有开路损坏、击穿短路损坏、漏电、电容量减小、介质损耗增大等，可以用万用表进行质量检测。

（1）数字式万用表测量电容器的容量

数字式万用表一般有测量电容器容量的功能。将表的功能旋钮置于相应挡位，被测电容插入 CX 插座内，就能粗略测量电容量的大小。若电容器的容量在其标称和误差范围内，则说明电容器基本正常。

（2）指针式万用表检测电容器

1）用指针式万用表判别电解电容器的正、负极性。

电解电容器的电极有正、负极性之分，根据电解电容器正向漏电电流小、反向漏电电流大的特性，一般可以用指针式万用表的电阻挡进行判别，具体测量方法如下。

① 选择量程。根据电容器容量大小选择合适的量程，并进行电阻调零。一般情况下，1～47μF 的电容器可用"$R×1\text{k}\Omega$"挡测量，大于 47μF 的电容器可以用"$R×100\Omega$"挡测量。

② 将指针式万用表红、黑表笔任意搭接在电容器的两极，测得其漏电电阻的大小。

③ 将电容器两个电极短路进行放电。

④ 交换指针式万用表的红、黑表笔，再次测量电容器漏电电阻的大小。

⑤ 比较两次测得的漏电电阻大小，阻值大的一次，黑表笔所接为电容器的正极，另一端为电容器的负极，如图 3-8 所示。

2）用指针式万用表检测电容器好坏。

电容器常见问题一般有漏电、断路、短路等。通常可以利用指针式万用表的电阻挡测量电容器两极之间的漏电阻，并根据指针式万用表指针摆动幅度的情况，对电容器的好坏进行判别。

① 选择量程。根据电容器容量大小选择合适的量程，并进行电阻调零。

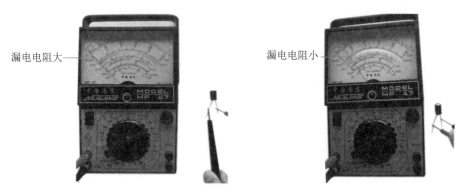

漏电电阻大

漏电电阻小

图 3-8 指针式万用表检测电解电容器正、负极性

② 将指针式万用表红、黑表笔分别接在电容器电极的引脚上。表笔刚接触的瞬间，指针式万用表指针即向右偏转较大幅度，接着缓慢向左回归无穷大刻度处，如图 3-9 所示。然后，将红、黑表笔对调，指针式万用表指针将重复上述摆动现象。电容器容量越大，指针向右摆幅越大，向左回归也越缓慢。

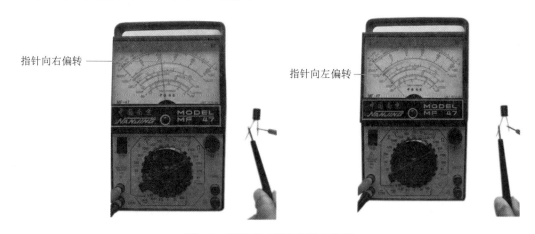

指针向右偏转

指针向左偏转

图 3-9 指针式万用表检测电容器

指针不动

图 3-10 电容器内部断路

③ 如果指针式万用表指针不动，则说明电容器内部断路，或电容量太小，充电、放电电流太小，不足以让指针偏转，如图 3-10 所示。

④ 如果指针式万用表的指针向右偏转到零刻度后，不再向左回归，则说明电容器内部短路，如图 3-11 所示。

⑤ 如果指针式万用表的指针不能回归到无穷大刻度，而是停在阻值小于 500kΩ 的刻度处，则说明电容器漏电严重，如图 3-12 所示。

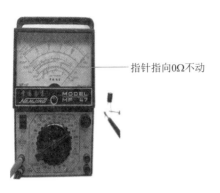

指针指向0Ω不动

图 3-11　电容器内部短路

指针停在阻值
500kΩ以下

图 3-12　电容器漏电

任务实施

1. 准备仪表和器材

1）仪表：指针式万用表，数字式万用表 DT9205。

2）器材：完成本任务所需器材明细表如表 3-2 所示。

表 3-2　器材明细表

序　号	名　　称	型　　号	数　量
1	铝电解电容器	10μF 250V	1
2	独石电容器	224	1
3	瓷片电容器	151	1
4	涤纶电容器	2A222J	1
5	聚丙烯电容器	CBB22	1
6	贴片电容器	100nF	1
7	高压瓷片电容器	220pF	1

2. 识别与检测各种电容器

1）识别六种以上不同类型的电容器并检测，并用指针式万用表检测电容器的好坏，将结果记录于表 3-3 中（注：使用指针式万用表 MF47 检测）。

表 3-3　识别、检测各种电容器

编　号	电容器名称	识别情况						检测情况			
		外形示意图（有极性需标记）	介质材料	标称容量	耐压/V	误差	有无极性	万用表挡位	绝缘电阻	指针偏转情况	是否正常
1	铝电解电容器	10μF 250V	铝电解		250	—			∞		

续表

编号	电容器名称	识别情况						检测情况			
		外形示意图（有极性需标记）	介质材料	标称容量	耐压/V	误差	有无极性	万用表挡位	绝缘电阻	指针偏转情况	是否正常
2	独石电容器	224	独石	—		—			∞		
3	瓷片电容器	151	陶瓷			—			∞		
4	涤纶电容器	2A222J	涤纶	100		±5%			∞		
5	聚丙烯电容器	CBB22 400V 105J	聚丙烯	400		±5%			∞		
6	贴片电容器	100nF	陶瓷	—		—			∞		
示例	高压瓷片电容器	220pF	陶瓷	220pF	2000	±10%	无	$R×10k\Omega$	∞	一直不动	正常

注：外形示意图下的信息为电容器表面标注的内容。

3. 测量电容器的电容量

使用数字式万用表 DT9205 的电容挡测量表 3-3 中六个电容器的电容量，结果填入表 3-4 中。

表 3-4　数字式万用表检测各种电容器的电容量

电容器	铝电解电容器	独石电容器	瓷片电容器	涤纶电容器	聚丙烯电容器	贴片电容器
万用表挡位						
实测值						

任务评价

电容器的检测评分记录表如表 3-5 所示。

表 3-5 电容器的检测评分记录表

序号	任务	评价项目	评价标准	配分	得分	备注
1	准备和使用仪表、器材	仪表、器材准备齐全，使用规范	仪表、器材准备不齐全，每少 1 件扣 1 分；仪表、器材使用不规范，每件扣 1 分	6		
2	认识电容器的参数	识读电容器的标称值，并记录	数据记录不正确，每项扣 1 分	6		
		判断电容器的极性	判断错误，每项扣 1 分	6		
3	用指针式万用表检测电容器的好坏	万用表使用前调零检验	万用表使用前没有调零检验，每次扣 5 分	10		
		挡位量程的选择	挡位量程选择错误，每次扣 5 分	10		
		电容器的检测	测量方法不正确，每次扣 2 分	10		
		通过检测判断电容器的好坏	检测结论不正确，每次扣 2 分	16		
4	用数字式万用表测量电容器的电容	正确选择万用表的挡位	挡位选择错误，每次扣 5 分	10		
		电容器电容的检测	检测结果错误，每次扣 2 分	16		
5	安全文明生产（7S）	整理	工具、器具摆放整齐	1		
		整顿	工具、器具和各种材料摆放有序、科学合理	1		
		清扫	实训结束后，及时打扫实训场地卫生	2		
		清洁	保持工作场地清洁	2		
		素养	遵守纪律，文明实训	2		
		节约	节约材料，不浪费	2		
		安全	人身安全，设备安全	否定项		
总分				100		
开始时间		结束时间		实际用时		

任务 3.2 装接与测量电容器充 / 放电电路

任务目标

知识目标

- 理解电容器充电与放电电路的工作原理。
- 掌握电容器充 / 放电电路的装接与测量。

技能目标

● 会装接电容器充电与放电电路。

● 能对电容器充电与放电电路的参数进行测量。

任务描述

本任务通过面包板搭接一个电容器充电与放电电路，并用指针式万用表测量电路参数。

	任务准备	电容器的充电与放电
装接与测量电容器 充/放电电路	任务实施	准备工具、仪表及器材
		检测元器件
		连接电容器充/放电电路
		测量电容器充/放电电路的电压、电流

任务准备

电容器的充电与放电

电容器的充电与放电是指电容器储存电荷与释放电荷的过程。电容器充电、放电电路如图 3-13 所示。电路中电容器能储存电荷，可当作临时电源使用。由图 3-13 可知，C 为大容量电解电容器，R_p 为电位器，指示灯 HL 串联在 RC 电路中，电流表 A 用于测量 RC 电路的电流，电压表 V 用于测量电容器两端电压，S 为单刀双掷开关。S 位于 "1" 处时，电源 E 对电容器充电，电容器两端电压从零慢慢上升，最后等于电源电压，电流表的读数由开始的定值慢慢下降为零，充电结束；将 S 置于 "2" 处，电容器两端电压从最高值慢慢下降，最后等于零，电流表的读数由开始的定值慢慢下降为零，放电结束。

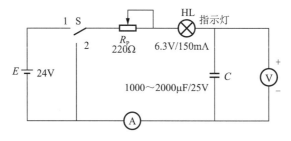

图 3-13　电容器充电、放电电路

任务实施

1. 准备工具、仪表及器材

1）仪表：MF47 万用表等。

2）器材：完成本任务所需器材如表 3-6 所示。

表 3-6　所需器材

序　号	名　称	规　格	数　量
1	稳压电源	24V	1
2	电位器	220Ω	1
3	指示灯	6.3V/150mA	1
4	转换开关	8mm×8mm	1
5	电容器	2200μF/50V	1
6	面包板	SYB-120（175mm×46mm×8.5mm）	1

2．检测元器件

识别、检测电容器充电与放电电路元器件的有关数据，并填入表 3-7 中。

表 3-7　识别、检测电容器充电与放电电路的元器件

代　号	元件名称	规　格	外形示意图（有极性需标示）	检测 表挡位	测量结果
R_P	电位器				实测阻值：＿＿＿＿
HL	指示灯				阻值：＿＿＿＿
E	稳压电源				实测电压值：＿＿＿＿
C	电容器	2000μF/50V			正负极判别：＿＿＿＿ 质量检测：＿＿＿＿
S	转换开关	8mm×8mm			动合端：＿＿＿＿动断端：＿＿＿＿
	面包板	SYB-120（175mm×46mm×8.5mm）			

3．连接电容器充/放电电路

将电阻器、指示灯、转换开关、电容器按图 3-14 所示连接在面包板上，接通电源后通过开关控制电容器的充电过程和放电过程。

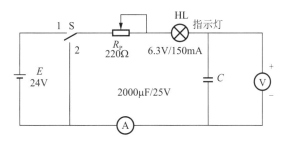

图 3-14　电容器充电、放电电路

4．测量电容器充/放电电路的电压、电流

根据图 3-14，分别将开关置"1"和"2"位置后，观察实验现象，并记录在表 3-8 中。

表 3-8　电容器的充 / 放电电路的实验现象

序　号	过　程	实验现象			结束标志
		指 示 灯	电 流 表	电 压 表	
1	充电				$I_C=$____，$U_C=$____
2	放电				$I_C=$____，$U_C=$____

注：实验电路中的电流表、电压表分别用万用表的电流挡、电压挡代替。

任务评价

电容器充电与放电电路评分记录表如表 3-9 所示。

表 3-9　电容器充电与放电评分记录表

序　号	任　务	评价项目	评价标准	配　分	得　分	备　注
1	准备和使用仪表、器材	仪表、器材准备齐全，使用规范	仪表、器材准备不齐全，每少 1 件扣 1 分；仪表、器材使用不规范，每件扣 1 分	10		
2	检测元器件	元器件检测规范、正确	表 3-6 中每错 1 空扣 1 分	20		
3	连接电容器充、放电电路	电容器电路连接正确	电路连接不成功，扣 10 分	30		
4	测量电容器充 / 放电电路电压、电流	电容器电路参数测量正确	表 3-7 中每错 1 空扣 2 分	30		
5	安全文明生产（7S）	整理	工具、器具摆放整齐	1		
		整顿	工具、器具和各种材料摆放有序、科学合理	1		
		清扫	实训结束后，及时打扫实训场地卫生	2		
		清洁	保持工作场地清洁	2		
		素养	遵守纪律，文明实训	2		
		节约	节约材料，不浪费	2		
		安全	人身安全，设备安全	否定项		
总　分				100		
开始时间		结束时间		实际用时		

任务拓展

1. 电容器串联电路

将两个或两个以上电容器首尾依次相连，中间无分支电路，就组成了电容器串联电路。图 3-15 所示为三个电容器串联在一起的串联电路。

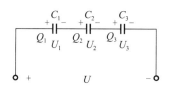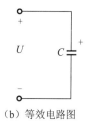

（a）电路图　　　　　　　　　　　（b）等效电路图

图 3-15　3 个电容器串联电路

电容器串联电路的特点如下。

1）电容器串联电路中各电容器所带的电荷量相等，即

$$Q_1=Q_2=Q_3=Q \qquad\qquad (3-1)$$

2）电容器串联电路总电压等于每个电容器两端电压之和，即

$$U=U_1+U_2+U_3 \qquad\qquad (3-2)$$

3）电容器串联电路的等效电容的倒数等于各个电容器的电容量的倒数之和，即

$$\frac{1}{C}=\frac{1}{C_1}+\frac{1}{C_2}+\frac{1}{C_3} \qquad\qquad (3-3)$$

4）电容器串联电路中各个电容器两端的电压与电容量成反比。

2. 电容器并联电路

将两个或两个以上电容器接在相同的两点之间，就组成了电容器并联电路。图 3-16 所示为三个电容器并联在一起的并联电路。

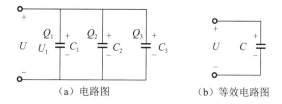

（a）电路图　　　　　　　　　（b）等效电路图

图 3-16　三个电容器并联电路

电容器并联电路的特点如下。

1）电容器并联电路中每个电容器两端电压相等，即

$$U=U_1=U_2=U_3 \qquad\qquad (3-4)$$

2）电容器并联电路总电荷量等于各电容器所带的电荷量之和，即

$$Q=Q_1+Q_2+Q_3 \qquad\qquad (3-5)$$

3）电容器并联电路的等效电容器等于各个电容器的电容量之和，即

$$C=C_1+C_2+C_3 \qquad\qquad (3-6)$$

思考与练习

一、判断题

1. 电容量 C 是由电容器的电压大小决定的。 （ ）

2. 电容器串联电路中电路的等效电容等于各个电容器的电容量之和。 （ ）

3. 电容器并联电路中，每个电容器两端的电压相等，并等于外加电源电压。

（ ）

4. 有极性电容器是指电容器有正、负极性之分，使用时正极接在低电位端。

（ ）

5. 电解电容器的漏电阻一般在几百千欧以上，否则，将不能正常工作。 （ ）

二、选择题

1. 关于电容器测量通常选择的挡位，下列说法中正确的是（ ）。

　　A. $R \times 1\Omega$ 挡测量大容量电容器　　　B. $R \times 10\Omega$ 挡测量小容量电容器

　　C. $R \times 100\Omega$ 挡测量大容量电容器　　　D. 任何挡位都可以测量

2. 一个电容量为 $C\mu F$ 的电容器，与一个电容量为 $6\mu F$ 的电容器串联，总电容量为 $\frac{1}{3} C\mu F$，则电容量 C 为（ ）。

　　A. $2\mu F$　　　　　B. $6\mu F$　　　　　C. $8\mu F$　　　　　D. $12\mu F$

3. 一个电容量为 $C\mu F$ 的电容器，与一个 $10\mu F$ 的电容器并联，并联后的电容量为 $2C\mu F$，则电容量 C 为（ ）。

　　A. $5\mu F$　　　　　B. $10\mu F$　　　　　C. $20\mu F$　　　　　D. $40\mu F$

4. 将"$10\mu F$，$16V$"的电容器 C_1 和"$15\mu F$，$25V$"的电容器 C_2 并联，接到 $20V$ 电源上，则（ ）。

　　A. C_1 击穿　　　　　　　　　　B. C_1、C_2 均正常工作

　　C. C_2 击穿　　　　　　　　　　D. C_1、C_2 均被击穿

5. 下列关于电容器的说法中，正确的是（ ）。

　　A. 容量越大的电容器，带电荷量也一定越多

　　B. 电容器不带电时，其容量为零

　　C. 由 $C=Q/U$ 可知，C 不变时，只要 Q 不断增加，U 可无限增大

　　D. 电容器的电容量与其是否带电无关

三、计算题

1. 如图 3-17 所 示 电 路 中，$C_1=15\mu F$，$C_2=10\mu F$，$C_3=30\mu F$，$C_4=60\mu F$，求 A、B 两端的等效电容。

2. 一位师傅在维修电视机时，发现一只 $12\mu F$ 的电容器已击穿，可是师傅手边只有若干只 $20\mu F$、$30\mu F$ 的电容器，那么应该将现有电容器怎样连接才能替代 $12\mu F$ 的电容器呢？

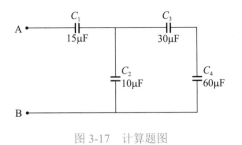

图 3-17　计算题图

单相交流电路的装接与测量

项目概述

单相交流电路是由一根相线和一根中性线组成的电路,电压为220V。在日常生活中,单相交流电路常作为照明、家用电器等的供电电源,得到了广泛应用。

本项目分为两个任务,主要学习单相交流电路的基本知识,并完成单相交流电路的装接及参数测量。

任务4.1 识别与测量单相交流电源 ———

任务目标

知识目标

● 了解单相交流电的概念。

● 认识单相交流电路中常用的电工元器件，并熟悉其用途。

技能目标

● 能正确使用验电笔判别单相插座中的相线与中性线。

● 能用万用表测量单相交流电源的电压。

任务描述

本任务学习单相交流电源的相关知识，并进行单相交流电路的测量。

识别与测量单相 交流电源	任务准备	单相交流电概述
		单相交流电路中常用的电工元器件
	任务实施	准备工具、仪表及器材
		识别与测量单相交流电源

任务准备

1. 单相交流电概述

只有一组（个）线圈和一个磁场的交流发电机发出的交流电为单相交流电。日常生产和生活中，如电冰箱、电风扇、电饭煲等家用电器及照明器具都使用单相交流电。

2. 单相交流电路中常用的电工元器件

（1）单相断路器

断路器又称自动开关，除可用来正常接通和分断负载电路外，还具有多种保护功能（如过载、短路保护等）。单相断路器广泛应用于用户单相电源进线处，作为电源总开关或分开关使用。

常用的单相断路器有普通断路器和漏电断路器两类，其外形如图4-1所示。

（a）单相普通断路器　　　　（b）单相漏电断路器

图 4-1　单相断路器外形

单相漏电断路器是在单相普通断路器的基础上增加了漏电保护功能，当电路中漏电电流超过预定值时能自动跳闸切断电源，有效防止人身触电。

（2）照明开关

照明开关是指为家庭、办公室、公共娱乐场所等设计的，用来在电路中接通或断开电流或改变电路接法的一种装置。照明开关面板如图 4-2（a）所示。照明开关有单联开关、双联开关和多联开关。单联开关有两个接线端子，如图 4-2（b）所示，一般用在一控一照明灯电路；双联开关有三个接线端子，如图 4-2（c）所示，一般用在二控一照明灯电路。常用的照明电路原理图如图 4-3 所示。

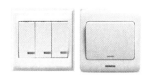

（a）照明开关板　　　（b）单联开关　　（c）双联开关

图 4-2　普通照明开关的外形

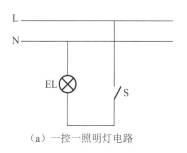
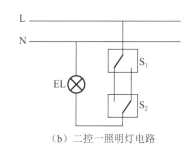

（a）一控一照明灯电路　　　　　　　　　（b）二控一照明灯电路

图 4-3　常用的照明电路原理图

（3）单相插座

单相插座的电压是 220V。单相插座分为单相二孔插座、单相三孔插座。单相三孔插座比单相二孔插座多一个地线接口。插座在接线时，对于二孔插座，左边孔接中性线，右边孔接相线；对于三孔插座，左边孔接中性线，右边孔接相线，上边孔接地线。常用单相插座的外形如图 4-4 所示。

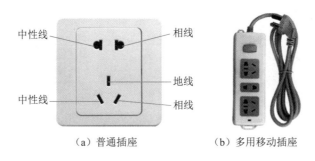

（a）普通插座　　　　　　（b）多用移动插座

图 4-4　常用单相插座的外形

任务实施

1. 准备工具、仪表及器材

1）工具：验电笔。
2）仪表：万用表。
3）器材：完成本任务所需器材如表 4-1 所示。

表 4-1　所需器材

序　号	名　称	型　号	规　格	数　量
1	单相交流电源		单相，220V	
2	单相二孔插座	86 型（或自定）		1
3	单相三孔插座	86 型（或自定）		1

2. 识别与测量单相交流电源

（1）认识单相交流电源插座，用验电笔判别相线与中性线

在电工实验台上，分别找到单相交流电源的二孔和三孔插座，用验电笔对左边孔和右边孔分别进行验电，找出相线和中性线，了解三孔插座上边孔的作用，并将结果填入表 4-2 中。

表 4-2　单相交流电源识别与测量结果记录表

认识单相交流电源插座	二孔插座	左边孔：_____线；右边孔：_____线			
	三孔插座	左边孔：_____线；右边孔：_____线；上边孔：_____线			
用验电笔判别相线与中性线	相线	验电笔氖管_____发光			
	中性线	验电笔氖管_____发光			
用万用表测量单相交流电源电压	万用表型号		万用表量程		
	红表笔接	_____线	实测电压		_____V
	黑表笔接	_____线			

（2）用万用表测量单相交流电源的电压

选择万用表的合适量程，将万用表的红、黑表笔分别插入单相交流电源插座的左、右两个插孔中，读取电压值，并将结果填入表 4-2 中。

任务评价

单相交流电源识别与测量评分记录表如表 4-3 所示。

表 4-3　单相交流电源识别与测量评分记录表

序　号	任　务	评价项目	评价标准	配　分	得　分	备　注
1	准备和使用工具、仪表和器材	工具、仪表和器材准备齐全，使用规范	工具、仪表和器材准备不齐全，每少 1 件扣 1 分； 工具、仪表和器材使用不规范，每件扣 1 分	10		
2	认识单相交流电源插座	二孔插座	识别名称不正确，每项扣 5 分	20		
		三孔插座	识别名称不正确，每项扣 5 分	20		
3	用验电笔判别相线与中性线	验电笔判别相线与中性线	判别结论不正确，每项扣 10 分	20		
4	用万用表测量交流电压	电源电压测量	测量方法不正确或测量结论不正确，每项扣 5 分	20		
5	安全文明生产（7S）	整理	工具摆放整齐	1		
		整顿	工具和各种材料摆放有序、科学合理	1		
		清扫	实训结束后，及时打扫实训场地卫生	2		
		清洁	保持工作场地清洁	2		
		素养	遵守纪律，文明实训	2		
		节约	节约材料，不浪费	2		
		安全	人身安全，设备安全	否定项		
总　分				100		
开始时间		结束时间		实际用时		

任务4.2　装接与测量单相交流电路

任务目标

知识目标

● 掌握单相交流电的基本概念。

● 理解单相交流电的三种表示方法。

● 理解单相交流电路中纯电阻电路、纯电容电路、纯电感电路中电流与电压的相互关系及功率的计算。

技能目标

● 能检测照明电路常用元器件，能正确安装单相照明电路。

● 能用电流表、万用表对电路中的电流 I、电压 U 等参数进行测量。

任务描述

本任务学习单相交流电的基本知识，并对单相照明电路进行装接与测量。

装接与测量单相交流电路	任务准备	正弦交流电的基本概念
		正弦交流电的表示法
		单相交流电路
	任务实施	准备工具、仪表及器材
		装接与测量单相照明电路

任务准备

1. 正弦交流电的基本概念

（1）交流电

交流电在日常生产和生活中应用广泛，即使在某些需要直流电的场合，也往往是将交流电通过整流设备转换为直流电。大多数电气设备，如电动机、照明设备、家用电器等均使用交流电。

直流电和交流电的根本区别：直流电的电流方向不随时间的变化而变化，交流电的电流方向随时间的变化而变化。各种电流的波形如图 4-5 所示。

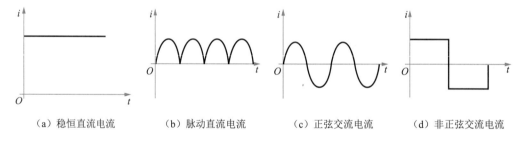

（a）稳恒直流电流　　（b）脉动直流电流　　（c）正弦交流电流　　（d）非正弦交流电流

图 4-5　各种电流的波形

以下如果没有特别说明，则所讲的交流电都是指正弦交流电。

（2）正弦交流电的产生

正弦交流电是由交流发电机产生的。图 4-6（a）是简单的交流发电机示意图。发电机由定子和转子组成。定子有 N 和 S 两极。转子是一个可以转动的由硅钢片叠成的圆柱体，铁心上绕有线圈，线圈两端分别接到两个相互绝缘的铜制集电环上，通过电刷与电路接通。

当用原动机（如水轮机或汽轮机）拖动电枢转动时，由于导体切割磁力线而在线圈中产生感应电动势。为了得到正弦波形的感应电动势，应采用适当的磁极形状，使磁极和转子之间的磁感应强度按正弦规律分布，如图 4-6（b）所示。在磁极中心位置，磁感应强度最大，用 B_m 表示；在磁极分界面，磁感应强度为零。磁感应强度为零的点组成的平面称为中性面，如图 4-6 中的 OO' 水平面。如果线圈所在位置与中性面成 α 角，则此处电枢表面的磁感应强度为

$$B = B_m \sin \alpha \tag{4-1}$$

当电枢在磁场中从中性面开始以匀角速度逆时针转动时，每匝线圈中产生的感应电动势的大小为

$$e = 2BLv = 2B_m Lv \sin \alpha \tag{4-2}$$

如果线圈有 N 匝，则总的感应电动势为

$$e = 2NB_m Lv \sin \alpha = E_m \sin \alpha \tag{4-3}$$

式中，E_m 为感应电动势最大值，$E_m = 2NB_m Lv$（V）；N 为线圈的匝数；B_m 为最大磁感应强度（T）；L 为线圈一边的有效长度（m）；v 为导线切割磁力线的速度（m/s）。

由式（4-3）看出，线圈中的感应电动势是按正弦规律变化的交流电，如图 4-7（c）所示。

电枢在磁场中以角速度 ω 作匀速转动，所以 $\omega t = \alpha$，于是又可写成

$$e = E_m \sin \omega t \tag{4-4}$$

因为发电机经电刷与外电路的负载接通，形成闭合回路，所以电路中就产生了正弦电流和正弦电压，用下式表示：

$$i = I_m \sin \omega t \tag{4-5}$$

$$u = U_m \sin \omega t \tag{4-6}$$

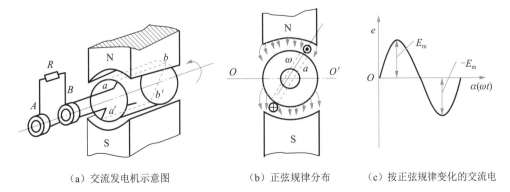

（a）交流发电机示意图　　　（b）正弦规律分布　　　（c）按正弦规律变化的交流电

图 4-6　正弦交流电的产生

（3）正弦交流电的三要素

正弦交流电的三要素是指最大值、频率和初相位。

1）最大值与有效值。

① 最大值。正弦交流电的电动势、电压和电流的瞬时值分别用小写字母 e、u 和 i 表示。

正弦交流电中的最大瞬时值称为正弦交流电的最大值（又称峰值、振幅）。最大值用大写字母附加下标 m 表示，如 E_m、U_m、I_m。

② 有效值。因为交流电的大小是随时间变化的，通常以与热效应相等的直流电的大小来表示交流电的大小。例如，使交流电和直流电分别通过电阻相等的两个导体，如果在相同的时间内产生的热量相等，那么这个直流电的大小称为交流电的有效值。有效值用大写字母表示，如 E、U 和 I。电工仪表测量得到的交流电数值及通常所说的交流电数值都是指有效值。例如，现在的生活用电为交流 220V，是指它的有效值，它的最大值为 $\sqrt{2} \times 220 \approx 311$（V）。

在正弦交流电的有效值和最大值之间有下列关系式：

$$有效值 = \frac{1}{\sqrt{2}} \times 最大值$$

即

$$U = \frac{1}{\sqrt{2}} U_m \approx 0.707 U_m \tag{4-7}$$

$$I = \frac{1}{\sqrt{2}} I_m \approx 0.707 I_m \tag{4-8}$$

$$E = \frac{1}{\sqrt{2}} E_m \approx 0.707 E_m \tag{4-9}$$

2）周期与频率。

① 周期。交流电每重复变化一次所需时间称为周期，用字母 T 表示，单位是秒（s）。常用的单位还有毫秒（ms）、微秒（μs）、纳秒（ns）。

$$1ms = 10^{-3}s$$
$$1μs = 10^{-6}s$$
$$1ns = 10^{-9}s$$

② 频率。交流电 1s 内重复的次数称为频率，用字母 f 表示。f 的单位是赫兹（Hz），简称赫。频率的常用单位还有千赫（kHz）和兆赫（MHz）。

$$1kHz = 10^3 Hz$$
$$1MHz = 10^6 Hz$$

根据周期和频率的定义可知，周期和频率互为倒数，即

$$f = \frac{1}{T} \quad 或 \quad T = \frac{1}{f} \tag{4-10}$$

我国工业交流电的标准频率为 50Hz（习惯上称为工频），其周期为 0.02s；美国、

日本工业交流电的标准频率为 60Hz。

③ 角频率。角度 α 的大小反映了线圈中感应电动势大小和方向的变化。这种以电磁关系来计量交流电变化的角度称为电角度。电角度并不是在任何情况下都等于线圈实际转过的机械角度，只有在有两个磁极的发电机中电角度才等于机械角度。本书正弦交流电表达式中的角度，都是指电角度。

正弦交流电每秒内变化的电角度称为角频率,用 ω 表示。ω 的单位是弧度 / 秒(rad/s)。根据角频率的定义，有

$$\omega = 2\pi f = \frac{2\pi}{T} \tag{4-11}$$

在我国的供电系统中，交流电的频率是 50Hz，周期是 0.02s，角频率是 100πrad/s，即 314rad/s。

3）相位与初相位。在讲述正弦交流电动势的产生时，假设线圈开始转动的瞬时，线圈平面与中性面重合，由于此时 $\alpha=0°$，因此线圈中的感应电动势 $e=E_m\sin\alpha=0$。也就是说，假设正弦交流电的起点为零，但实际上正弦交流电的起点不一定为零。

如图 4-8 所示，a_1b_1 和 a_2b_2 是两个完全相同的线圈，设开始计时，即 $t=0$ 时 a_1b_1 线圈平面与中性面夹角为 φ_1，a_2b_2 线圈平面与中性面夹角为 φ_2，则任意时刻这两个电动势的瞬时值分别为

$$e_1 = E_m \sin(\omega t + \varphi_1)$$
$$e_2 = E_m \sin(\omega t + \varphi_2)$$

上式中的角 $(\omega t+\varphi)$ 称为交流电的相位或相角，用它来描述正弦交流电在不同瞬间的变化状态（如增长、减小、通过零点或最大值等），即它反映了交流电变化的进程。显然 e_1 的相位是 $(\omega t + \varphi_1)$，e_2 的相位是 $(\omega t + \varphi_2)$，电动势 e_1 和 e_2 的波形如图 4-7（b）所示。

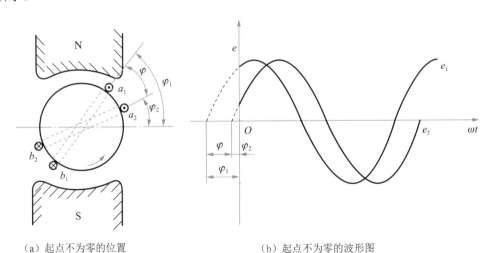

（a）起点不为零的位置　　　　（b）起点不为零的波形图

图 4-7　交流电的相位与初相位

$t=0$ 时的相位称为初相位或初相。显然 e_1 的初相位是 φ_1，e_2 的初相位是 φ_2。交流电的初相位可以为正，也可以为负。在波形图中 $t=0$ 时，若 $e_1>0$，则初相位为正；若 $e_1<0$，则初相位为负。初相角通常用不大于 $180°$ 的角来表示。

综上所述，交流电的最大值反映了正弦量的变化范围；角频率反映了正弦量的变化快慢；初相位反映了正弦量的起始状态。交流电的最大值、频率和初相位确定以后，就可以确定交流电随时间变化的情况。

（4）正弦交流电的相位差

两个同频率交流电的相位之差称为相位差，用字母 $\Delta\varphi$ 表示，即

$$\Delta\varphi = (\omega t + \varphi_1) - (\omega t + \varphi_2) = \varphi_1 - \varphi_2 \tag{4-12}$$

可见，两个同频率交流电的相位差等于它们的初相位之差。如果一个交流电比另一个交流电提前达到零值或最大值，则前者称为超前，后者称为滞后。如图 4-7（b）所示，e_1 超前 e_2，当然也可以说成 e_2 滞后 e_1。若两个交流电同时达到零值或最大值，即两者的初相角相等，则称它们同相位，简称同相，如图 4-8（a）所示。若一个交流电达到正最大值，另一个交流电达到负最大值，即它们的初相位相差 $180°$，则称它们的相位相反，简称反相，如图 4-8（b）所示。

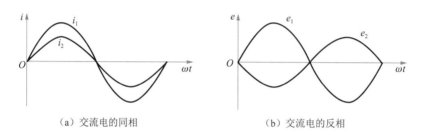

（a）交流电的同相　　　　　　　　　（b）交流电的反相

图 4-8　交流电的同相与反相

2. 正弦交流电的表示法

（1）解析法

正弦交流电的电动势、电压和电流三个瞬时值表达式就是正弦交流电的解析式，即

$$e = E_m \sin(\omega t + \varphi_e) \tag{4-13}$$

$$u = U_m \sin(\omega t + \varphi_u) \tag{4-14}$$

$$i = I_m \sin(\omega t + \varphi_i) \tag{4-15}$$

三个解析式中都包含最大值、频率和初相角，根据解析式可以计算交流电任意瞬时的数值。

（2）波形法

正弦交流电也可以用正弦曲线来表示。如图 4-9 所示，横坐标表示时间 t 或电角度 ωt，纵坐标表示瞬时值。从图 4-9 可以看出交流电的振幅、周期和初相角。

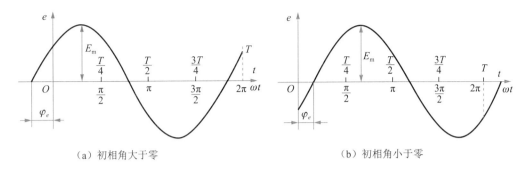

（a）初相角大于零　　　　　　　　　　（b）初相角小于零

图 4-9　正弦交流电的波形

（3）旋转相量法

正弦交流电还可以用旋转相量来表示。如图 4-10 所示，在直角坐标系内，作一相量 OA，并使其长度与正弦交变量的最大值成比例（图 4-10 中为 E_m），使 OA 与 Ox 轴的夹角等于正弦交变量的初相角 φ，令其按逆时针方向旋转，这样相量在任一瞬间与横轴 Ox 的夹角即为正弦交变量的相位（$\omega t+\varphi$），旋转相量任一瞬间在纵轴 Oy 的投影（Oa）即为正弦交变量的瞬时值，即

$$Oa = e_1 = E_m \sin(\omega t +\varphi)$$

当把同频率的交流电画在同一张相量图上时，相量的角频率相同，无论其旋转到什么位置，彼此之间的相位关系始终保持不变。因此，在研究相量之间的关系时，一般只要按初相角作出相量，而不必标出角频率，这样作出的图称为相量图，如图 4-11所示。

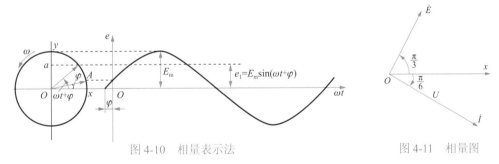

图 4-10　相量表示法　　　　　　　　　　图 4-11　相量图

用相量图表示正弦交流电，在计算和确定几个同频率的交流电的和或差时，比解析法和波形图要简单得多，而且比较直观，因此它是研究交流电的重要工具之一。

3．单相交流电路

由负载和交流电源组成的电路称为交流电路。若电源中只有一个交变电动势，则称为单相交流电路。与直流电路的不同之处在于，分析各种交流电路，不但要确定电路中电压与电流之间的大小关系，而且要确定它们之间的相位关系，同时还要讨论电路中的功率问题。

由于交流电路中的电压和电流都是交变的，因此有两个作用方向。为分析电路时方便，常把其中的一个方向规定为正方向，且同一个电路中的电压、电流及电动势的正方向完全一致。

（1）纯电阻电路

由白炽灯、电烙铁、电阻器组成的交流电路可近似看成纯电阻电路，如图 4-12（a）所示。在这些电路中影响电流大小的主要因素是电阻 R。

1）电流与电压的相位关系。设加在电阻两端的电压为

$$u_R = U_{Rm} \sin \omega t \tag{4-16}$$

实验证明，在任一瞬间通过电阻的电流 i 仍可用欧姆定律计算，即

$$i = \frac{u_R}{R} = \frac{U_{Rm} \sin \omega t}{R} \tag{4-17}$$

式（4-17）表明，在正弦交流电压的作用下，电阻中通过的电流也是一个同频率的正弦电流，并且与加在电阻两端的电压同相位。图 4-12（b）、（c）分别画出了电流、电压相量图和波形图。

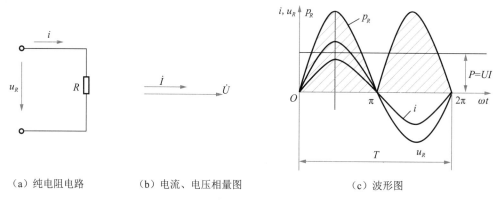

（a）纯电阻电路　　　　（b）电流、电压相量图　　　　（c）波形图

图 4-12　纯电阻电路

2）电流与电压的数量关系。通过电阻的最大电流为

$$I_m = \frac{U_{Rm}}{R} \tag{4-18}$$

若把式（4-18）两边同除以 $\sqrt{2}$，则得电流的有效值为

$$I = \frac{U_R}{R} \tag{4-19}$$

这说明在纯电阻电路中，电流与电压的瞬时值、最大值、有效值都符合欧姆定律。

3）功率。在任一瞬间，电阻中电流瞬时值与同一瞬间电阻两端电压瞬时值的乘积，称为电阻获得的瞬时功率，用 P_R 表示，即

$$P_R = u_R i = \frac{U_{Rm}^2}{R} \sin^2 \omega t \tag{4-20}$$

瞬时功率的变化如图 4-12 中画有斜线的曲线所示。由于电流和电压同相位，因此 P_R 在任一瞬间的数值都是正值（除电压和电流都是零的瞬时外），说明电阻总是要消耗功率，是耗能元件。

瞬时功率时刻变动，不便计算，通常用电阻在一个周期内交流电消耗功率的平均值来表示功率的大小，称为平均功率。平均功率又称有功功率，用 P 表示，单位仍是瓦（W）。经数学证明，电压、电流用有效值表示时，其功率 P 的计算与直流电路相同，即

$$P = U_R I = I^2 R = \frac{U_R^2}{R} \tag{4-21}$$

（2）纯电感电路

由电阻很小的电感线圈组成的交流电路，可近似看成纯电感电路。图 4-14（a）所示为由一个线圈构成的纯电感电路。

1）电流与电压的相位关系。当纯电感电路中有交变电流 i 通过时，根据电磁感应定律，线圈 L 上将产生自感电动势，它的大小和方向为

$$e_L = -L \frac{\Delta i}{\Delta t} \tag{4-22}$$

对于内阻很小的电源，其电动势与端电压总是大小相等且方向相反，因而

$$u_L = -e_L = -\left(-L \frac{\Delta i}{\Delta t}\right) = L \frac{\Delta i}{\Delta t} \tag{4-23}$$

设电感 L 中流过的电流 i 为

$$i = I_m \sin \omega t \tag{4-24}$$

由数学推导可知：

$$u_L = \omega L I_m \sin\left(\omega t + \frac{\pi}{2}\right) \tag{4-25}$$

所以纯电感电路中，电压超前电流 $\frac{\pi}{2}$，即 90°，如图 4-13（b）和图 4-14 所示。

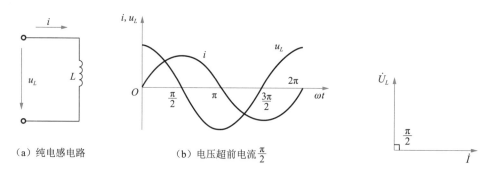

（a）纯电感电路　　　　　（b）电压超前电流 $\dfrac{\pi}{2}$

图 4-13　纯电感电路中的电压和电流　　　　图 4-14　纯电感电路中的相量关系

2）电压与电流的频率关系。由上面分析可知，电压与电流的频率相同。

3）电流与电压的数量关系。同样，由上面分析可知：

$$U_{Lm} = \omega L I_m \quad \text{或} \quad U = \omega L I \tag{4-26}$$

对比纯电阻电路欧姆定律可知，ωL 与 R 相当，表示电感对交流电的阻碍作用，称为感抗，用 X_L 表示，单位是欧姆（Ω），即

$$X_L = \omega L = 2\pi f L \tag{4-27}$$

显然，感抗的大小取决于线圈的电感量 L 和流过它的电流的频率 f。对于某一个线圈而言，f 越高则 X_L 越大，因此电感线圈对高频电流的阻力很大。对于直流电而言，由于 $f=0$，则 $X_L=0$，电感线圈可视为短路。

值得注意的是，虽然感抗 X_L 和电阻 R 相当，但感抗只有在交流电路中才有意义，而且感抗只代表电压和电流最大值或有效值的比值；感抗不能代表电压和电流瞬时值的比值，即 $X_L \neq \dfrac{u}{i}$，这是因为 u 和 i 相位不同。

4）功率。在纯电感电路中，电压瞬时值和电流瞬时值的乘积，称为瞬时功率，即

$$P_L = u_L i$$

将 u_L 和 i 代入，得

$$
\begin{aligned}
P_L &= U_{Lm} \sin\left(\omega t + \frac{\pi}{2}\right) \bullet I_m \sin \omega t \\
&= U_{Lm} \cos \omega t \bullet I_m \sin \omega t \\
&= U_L I \sin 2\omega t
\end{aligned}
$$

通过以上分析可以画出纯电感电路功率曲线，如图 4-15 所示。图中第一和第三个 1/4 周期内，P_L 为正值，即电源将电能传给线圈并以磁能形式储存于线圈中；在第二和第四个 1/4 周期内，P_L 为负值，即线圈将磁场能转换成电能送还给电源。这样，在半个周期内，纯电感电路的平均功率为零。也就是说，纯电感电路中没有能量损耗，只有电能和磁场能周期性的转换。因此，电感元件是一种储能元件。

需要注意的是，虽然在纯电感电路中平均功率为零，但事实上电路中时刻进行着

能量的交换，所以瞬时功率并不为零。瞬时功率的最大值称为无功功率，用 Q_L 表示，单位是乏（var），数学公式为

$$Q_L = U_L I = I^2 X_L = \frac{U_L^2}{X_L} \tag{4-28}$$

式中，各物理量的单位分别用伏特（V）、安培（A）、欧姆（Ω）时，无功功率的单位为乏（var）。

必须指出，无功的含义是交换而不是消耗，它是相对有功而言的，不能理解为无用。事实上，无功功率在生产实践中占有很重要的地位。具有电感性质的变压器、电动机等设备都是靠电磁转换工作的，若没有无功功率，这些设备就无法工作。

（3）纯电容电路

电容器是储存电荷的元件。当外加电压使电容器储存电荷时，称为充电；电容器向外释放电荷时，称为放电。

图 4-16 是电容器充 / 放电的实验电路图。图中 PA 是一个零位在中间、指针可以左右偏转的电流表，PV 是一个高内阻的电压表。

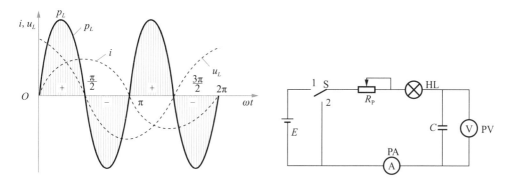

图 4-15　纯电感电路功率曲线　　　　图 4-16　电容器充 / 放电的实验电路图

当把开关 S 拨到"1"位置时，可同时观察到如下现象：指示灯突然亮了一下后慢慢变暗；电流表的指针突然向右偏到某一数值，然后慢慢回到零位；电压表的读数随着灯由亮到暗而由零逐渐达到电源电压。

当把开关 S 从"1"拨到"2"位置时，可发现指示灯又突然亮了一下后逐渐变暗；电流表的指针突然向左偏转到某一数值，然后慢慢回到零位；电压表的读数随着灯由亮到暗而由电源电压逐渐减小到零。

若把开关 S 迅速地在"1"和"2"之间拨动，则指示灯始终保持发光。

以上实验说明，当开关拨向"1"时，电源对电容器充电，电容器储存电荷，电荷移动情况如图 4-17（a）所示。电荷在电路中有规律地移动形成了电流，所以串联在电路中的指示灯会发光、电流表的指针会偏转。随着电荷的积累，电容器两端的电压不断升高并阻止电荷继续移向电容器，因此电路中的电流逐渐减小。当电容器两端的电压达到电源电压时，电荷的移动完全停止，电路中的电流等于零，指示灯变暗，电流

表的指针回到零位。

实验还说明，当开关从"1"拨到"2"时，电容器放电，电荷移动情况如图 4-17（b）所示。由于电荷在电路中有规律地移动，因此电路中有电流流过指示灯和电流表（但方向与原来相反），从而使指示灯发光、电流表指针反向偏转。随着电荷的释放，电容器中储存的电荷越来越少，最后为零。于是电路中不再有电荷移动，也就不存在电流，指示灯变暗，电流表指针回到零位，电压表的读数也为零。

当开关迅速地在"1"和"2"之间拨动时，电容器不断地在充放电，电路中始终有电流，所以指示灯保持发光。

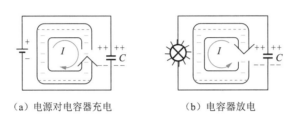

（a）电源对电容器充电　　　（b）电容器放电

图 4-17　电容器的充放电过程

若将图 4-16 中的电源改为数值相同的交流电源，会发现一旦把开关拨向"1"后，指示灯仍能保持发光。

由此可得如下结论：

1）电容器在储存和释放电荷（即充放电）的过程中，必然在电路中产生电流。但是，这个电流并不是从电容器的一个极板穿过绝缘物到达另一个极板，而是电荷在电路中移动。平时所说的电容电流是指这种电荷在电路中移动所产生的电流，即充放电电流。

2）电容器两端的电压是随着电荷的储存和释放而变化的。当电容器中无储存电荷时，其两端的电压为零；当储存的电荷增加时，其两端的电压逐渐升高，最后等于电源电压；当电容器释放电荷时，其两端的电压逐渐下降，最后为零。

3）当电容器充电结束时，电容器两端虽然仍加有直流电压，但电路中的电流为零，这说明电容器具有阻隔直流电的作用。若电容器不断地充放电，电路中就始终有电流通过，这说明电容器具有能通过交变电流的作用。通常称这种性质为隔直通交。

与电阻器一样，电容器也可以串、并联，其特点是串联时总电容的倒数等于各分电容的倒数之和，并联时总电容等于各分电容之和。

由于介质损耗很小，绝缘电阻很大的电容器组成的交流电路，可近似看作纯电容电路，如图 4-18（a）所示。

1）电流与电压的相位关系。由 $C=\dfrac{Q}{U_C}$，$Q=It$，得 $C\Delta u_C=\Delta q$，而 $\Delta q=i\Delta t$，所以在 Δt 时间内电流为

$$i=\frac{\Delta q}{\Delta t}=C\frac{\Delta u}{\Delta t}$$

设加在电容器两端的电压 u_C 为

$$U_C = U_{Cm} \sin \omega t$$

由数学推导可以得到

$$i = \omega C U_{Cm} \sin\left(\omega t + \frac{\pi}{2}\right) \tag{4-29}$$

所以在纯电容电路中，电流超前电压 90°，波形图如图 4-18（b）所示，相量图如图 4-19 所示。

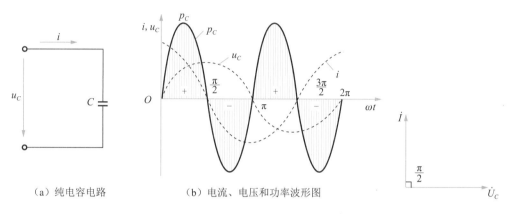

（a）纯电容电路　　　　　　（b）电流、电压和功率波形图

图 4-18　纯电容电路中的电流、电压和功率曲线　　　图 4-19　纯电容电路相量图

2）电流与电压的频率关系。由上面分析可知，电流与电压频率相同。

3）电流与电压的数量关系：

$$I_m = \omega C U_{Cm} \quad 或 \quad I = \omega C U_C = \frac{U_C}{X_C}$$

式中，X_C 称为电容抗，简称容抗，单位是欧姆（Ω），计算公式为

$$X_C = \frac{1}{\omega C} = \frac{1}{2\pi f C} \tag{4-30}$$

容抗是用来表示电容器对电流阻碍作用大小的一个物理量，单位是欧姆（Ω）。容抗大小与频率及电容量成反比。当电容量一定时，频率 f 越高，容抗 X_C 越小。在直流电路中，因 $f=0$，故电容器的容抗等于无穷大。这表明，电容器接入直流电路时，在稳态下处于断路状态。

与纯电感电路相似，容抗只代表电压和电流最大值或有效值之比，不等于它们的瞬时值之比。

4）功率。采用与纯电感电路相似的方法，可求得纯电容电路瞬时功率的解析式为

$$P_C = u_C i = U_C I \sin 2\omega t$$

根据上式可作出瞬时功率的波形图，如图 4-18（b）所示。由瞬时功率的波形可看出，纯电容电路的平均功率为零。但是，电容器与电源间进行着能量的交换，在第一个和第三个 1/4 周期内，P_C 为正值，表示电容器吸取电源能量并以电场能的形式储存起来；

在第二个和第四个1/4周期内，P_C 为负值，表示电容器又向电源释放能量。与纯电感电路一样，瞬时功率的最大值被定义为电路的无功功率，用以表示电容器和电源交换能量的规律。无功功率的数学定义式为

$$Q_C = U_C I = I^2 X_C = \frac{U_C^2}{X_C} \tag{4-31}$$

无功功率 Q_C 的单位也是乏（var）。

任务实施

1. 准备工具、仪表及器材

1）工具：验电笔、螺钉旋具、尖嘴钳、斜口钳、剥线钳等常用电工工具。
2）仪表：万用表、电流表等。
3）器材：完成本任务所需器材如表4-4所示。

表4-4　所需器材

序　号	名　称	型　号	规　格	数　量
1	单相交流电源		单相，220V	1
2	单相断路器	NBE7 C10	10A（或自定）	1
3	照明开关	86型（或自定）	单联开关	1
4	螺口灯座	E27		1
5	螺口灯泡		单相，220V，15W	1

2. 装接与测量单相照明电路

（1）检测元器件

根据图4-20所示的电路图，检测各元器件是否完好，并记入表4-5中。

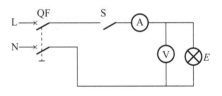

图4-20　单相照明电路

表4-5　元器件检测记录表

序　号	元器件代号	元器件名称	型号规格	检测结果	备　注
1	QF				
2	S				
3	EL				

（2）连接单相照明电路

按图4-21所示的电路图，完成单相照明电路的连接。

（3）测量单相照明电路的参数

1）通电前的参数测量。将检测结果记入表4-6中。

表 4-6　通电前参数测量记录表

序　号	测量对象	额定电压	额定功率	电阻计算值	电阻测量值	备　注
1	EL（冷态时）					

2）通电后的参数测量。将检测结果填入表 4-7 中。

表 4-7　通电后参数测量记录表

序　号	测量对象	理论值	测量值	备　注
1	U			
2	I			
3	计算 P			

任务评价

单相交流电路的装接与测量评分记录表如表 4-8 所示。

表 4-8　单相交流电路的装接与测量评分记录表

序　号	任　务	评价项目		评价标准	配　分	得　分	备　注
1	准备和使用工具、仪表和器材	工具、仪表和器材准备齐全，使用规范		工具、仪表和器材准备不齐全，每少 1 件扣 1 分；工具、仪表、器材使用不规范，每件扣 1 分	5		
2	检测元器件	元器件名称正确，检测方法正确，检测结论正确		元器件名称不正确，每只扣 2 分	5		
				检测方法不正确，扣 1～5 分	5		
				检测结论不正确，扣 1～5 分	5		
3	连接单相交流电路	按照操作规范要求完成实验接线		单相交流电路导线连接不正确，扣 5～20 分	20		
				单相交流电路连接导线布线工艺、接线工艺不符合要求，扣 1～5 分	5		
				单相交流电路接触不良，扣 1～5 分	5		
4	测量单相交流电路的参数	通电前的参数测量	灯泡电阻的测量	测量方法不正确或检测结论不正确，扣 5～10 分	10		
		通电后的参数测量	电压的测量	测量方法不正确或检测结论不正确，每项扣 5～10 分	30		
			电流的测量				
			功率的计算				
5	安全文明生产（7S）	整理		工具、器具摆放整齐	1		
		整顿		工具、器具各种材料摆放有序、科学合理	1		
		清扫		实训结束后，及时打扫实训场地卫生	2		
		清洁		保持工作场地清洁	2		
		素养		遵守纪律，文明实训	2		
		节约		节约材料，不浪费	2		
		安全		人身安全，设备安全	否定项		
总　分					100		
开始时间			结束时间		实际用时		

✒ 思考与练习

一、判断题

1. 有效值、频率和角频率是指正弦交流电的三要素。 （   ）
2. 正弦交流电常用的表示方法是函数式、波形图和相量图。 （   ）
3. 用三角函数可以表示正弦交流电最大值的变化规律。 （   ）
4. 白炽灯、电烙铁、电阻炉等可认为是纯电阻元件。 （   ）
5. 纯电阻电路中电流与电压同相位。 （   ）
6. 纯电感电路中电压超前电流$\dfrac{\pi}{2}$。 （   ）

二、选择题

1. 在纯电容电路中，已知电压的最大值为U_m，电流的最大值为I_m，则电路的无功功率为（   ）。

    A. $U_m I_m$ B. $\dfrac{U_m I_m}{2}$ C. $U_m I_m \sqrt{2}$ D. $\dfrac{U_m I_m}{\sqrt{3}}$

2. 电阻器在电路中是消耗功率的，电阻器消耗的功率是由电路中（   ）提供的。

    A. 电源   B. 导线截面   C. 电抗   D. 周期

3. 白炽灯、电烙铁、电阻炉等可认为是纯（   ）元件。

    A. 电阻   B. 电容   C. 电感   D. 电抗

4. 正弦交流电的三要素是指（   ）。

    A. 最大值、频率和角频率   B. 有效值、频率和角频率

    C. 最大值、角频率和相位   D. 最大值、角频率和初相位

5. 正弦交流电$i = 10\sqrt{2}\sin\omega t$ A 的瞬时值不可能等于（   ）A。

    A. 10   B. 0   C. 11   D. 15

6. 正弦交流电常用的表示方法是（   ）。

    A. 瞬时值、波形图和相量图   B. 函数式、波形图和相量图

    C. 函数式、有效值和相量图   D. 函数式、波形图和有效值

7. 用三角函数可以表示正弦交流电（   ）的变化规律。

    A. 最大值   B. 有效值   C. 平均值   D. 瞬时值

项目 5

三相交流电路的装接与测量

项目概述

三相交流电较单相交流电有很多优点，它在发电、输配电及电能转换成机械能等方面具有明显的优越性，因此在生产和生活中得到了广泛的应用。

本项目分为两个任务，主要学习三相交流电源的基本知识，并完成三相对称负载电路的装接及参数测量。

任务目标

知识目标

● 了解三相交流电源的定义和产生。

● 掌握三相交流电源星形联结的概念和特点。

技能目标

● 能正确使用验电笔判别三相插座中的相线与中性线。

● 能用万用表测量三相交流电源的线电压与相电压。

任务描述

本任务学习三相交流电源的概念、连接方法和导线颜色，并进行三相交流电源的识别与测量。

识别与连接三相交流电源	任务准备	三相交流电
		三相交流电源连接
		三相交流电源导线
	任务实施	准备工具、仪表及器材
		识别与测量三相交流电源

任务准备

1. 三相交流电

（1）三相交流电的产生

三相交流电是通过三相交流发电机产生的，图 5-1 所示为三相交流发电机的示意图，它与单相交流发电机的结构相似，由定子和转子组成。转子是电磁铁，其磁极表面的磁场按正弦规律分布。定子铁心中嵌放有三个结构相同的绕组，三个绕组在定子中的位置彼此相隔 120°，三个绕组的始端分别用 U_1、V_1、W_1 表示，末端分别用 U_2、V_2、W_2 表示。当转子匀速旋转时，三个绕组由于切割磁力线而产生三个不同相位的三相交流电。对称三相电动势的波形图和相量图如图 5-2 所示。

在工程上，最大值相等、频率相同、相位互差 120° 的三个正弦电动势称为三相对称电动势。若以 e_U 为参考正弦量，那么各相电动势的瞬时值表达式为

$$e_U = E_m \sin\omega t \quad (V) \tag{5-1}$$

$$e_v = E_m \sin(\omega t - 120°) \quad (V) \tag{5-2}$$

$$e_W = E_m \sin(\omega t + 120°) \quad (V) \qquad (5-3)$$

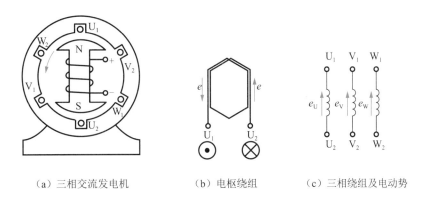

（a）三相交流发电机　　　　（b）电枢绕组　　　　（c）三相绕组及电动势

图 5-1　三相交流发电机的示意图

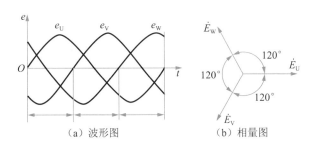

（a）波形图　　　　　　　（b）相量图

图 5-2　对称三相电动势的波形图和相量图

（2）三相交流电的相序

三相对称电动势随时间按正弦规律变化，它们到达最大值（或零值）的先后次序称为相序。由图 5-2（b）相量图可以看出，三个电动势按顺时针方向依次序达到最大值（或零值），即按 U—V—W—U 的顺序，称为正序或顺序；若按逆时针方向依次序达到最大值（或零值），即按 U—W—V—U 的顺序，称为负序或逆序。电力系统中通常采用正序。

由相量图可知，如果把三个电动势的相量加起来，则相量和为零。由波形图 5-2（a）可知，三相对称电动势在任一瞬间的代数和为零，即

$$e_1 + e_2 + e_3 = 0 \qquad (5-4)$$

2．三相交流电源的连接

三相交流电源的连接方式有星形（Y）联结和三角形（△）联结两种。在低压供电系统中变压器通常采用星形联结。

将三相发电机绕组的三个末端 U_2、V_2、W_2 连接在一起，形成一个节点 N，称为中性点。再由三个首端 U_1、V_1、W_1 分别引出三根输电线，称为端线或相线（俗称火线）。

这样就构成了三相电源的星形联结，如图 5-3 所示。中性点也可引出一根线，这根线称为中性线，如图 5-3（a）所示。中性线通常与大地相接，并把接大地的中性线称为零线。有中性线的三相电路称为三相四线制电路，无中性线的三相电路称为三相三线制电路，如图 5-3（b）所示。

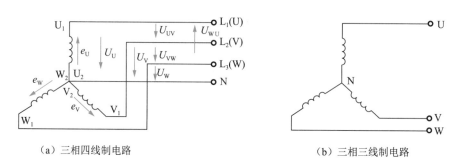

（a）三相四线制电路　　　　　　　　　　　（b）三相三线制电路

图 5-3　三相电源的星形联结

在三相四线制电路中可输送两种电压：一种是相线与中性线之间的电压，称为相电压，其有效值用 U_U、U_V、U_W 来表示，通用符号为 U_P，$U_P=U_U=U_V=U_W$；另一种是任意两根相线之间的电压，称为线电压，其有效值用 U_{UV}、U_{VW}、U_{WU} 表示，通用符号为 U_L，$U_L=U_{UV}=U_{VW}=U_{WU}$。下面讨论这两种电压之间的关系。

根据正方向规定，作出 U_U、U_V 和 U_W 的相量图，如图 5-4 所示，又因为

$$\dot{U}_{UV} = \dot{U}_U - \dot{U}_V = \dot{U}_U + (-\dot{U}_V)$$

在相量图中作出 $-U_V$，利用相量合成法则作出 U_U 和 $-U_V$ 的相量和 U_{UV}，于是可得

$$\frac{U_{UV}}{2} = U_U \cos 30° = \frac{\sqrt{3}U_U}{2}$$

$$U_{UV} = \sqrt{3}U_U$$

同理，可求得

$$U_{VW} = \sqrt{3}U_V, \quad U_{WU} = \sqrt{3}U_W$$

所以线电压与相电压的数量关系为

$$U_L = \sqrt{3}U_P \tag{5-5}$$

从图 5-4 可以看出，线电压与相电压的相位不同，线电压总是超前与之对应的相电压30°。

生产实际中的四孔插座就是三相四线制电路的典型应用，其外形如图 5-5 所示。其中最上面的一个孔接中性线 N，其余三个孔分别接 U、V、W 三相，最上面一个孔与

其余三个孔之间的电压是相电压，下面三个孔之间的电压是线电压。

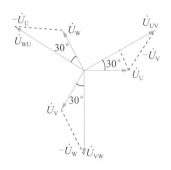

图 5-4 　三相四线制线电压与相电压相量图

图 5-5 　三相四线制插座外形图

3.三相交流电源导线

工业上，通常在交流发电机引出线及配电装置的三相母线上涂以黄、绿、红三色，分别代表 U、V、W 三相；中性线常与大地相接，并把接地的中性点称为零点，工程上中性线所用颜色一般为黑色，如图 5-6 所示。

图 5-6 　配电装置三相母线颜色

任务实施

1.准备工具、仪表及器材

1）工具：验电笔。

2）仪表：万用表。

3）器材：380V 三相交流电源。

2.识别与测量三相交流电源

（1）认识三相交流电源插座，用验电笔判别相线与中性线

在电工实验台上，找到三相交流电源的插座，用验电笔对四个孔分别进行验电，找出相线和中性线，并将结果填入表 5-1 中。

表 5-1　三相交流电源识别与测量结果记录表

认识三相交流电源插座	三相插座	上边孔：____线；左边孔：____线； 右边孔：____线；下边孔：____线		
用验电笔判别相线与中性线	相线	验电笔氖管____发光		
	中性线	验电笔氖管____发光		
用万用表测量三相交流电源电压	万用表型号		万用表量程	
	万用表表笔连接	实测电压 /V	万用表表笔连接	实测电压 /V
	U—V		U—地	
	U—W		V—地	
	V—W		W—地	

（2）用万用表测量三相交流电源的电压

选择万用表的合适量程，再将万用表的红、黑表笔分别插入三相交流电源插座的左、右两个插孔中，读取电压数值，并将结果填入表 5-1 中。

任务评价

三相交流电源识别与测量评分记录表如表 5-2 所示。

表 5-2　三相交流电源识别与测量评分记录表

序 号	任 务	评价项目	评价标准	配 分	得 分	备 注
1	准备和使用工具、仪表及器材	工具、仪表及器材准备齐全，使用规范	工具、仪表及器材准备不齐全，每少 1 件扣 1 分；工具、仪表及器材使用不规范，每件扣 1 分	10		
2	认识三相交流电源插座	三相电源插座	识别名称不正确，每项扣 5 分	20		
3	用验电笔判别相线与中性线	验电笔判别相线与中性线	判别结论不正确，每项扣 10 分	20		
4	用万用表测量交流电压	电源电压测量	测量方法不正确或测量结论不正确，每项扣 10 分	40		
5	安全文明生产（7S）	整理	工具摆放整齐	1		
		整顿	工具和各种材料摆放有序、科学合理	1		
		清扫	实训结束后，及时打扫实训场地卫生	2		
		清洁	保持工作场地清洁	2		
		素养	遵守纪律，文明实训	2		
		节约	节约材料，不浪费	2		
		安全	人身安全，设备安全	否定项		
总　分				100		
开始时间		结束时间		实际用时		

任务5.2　装接与测量三相负载电路

任务目标

知识目标

● 掌握三相负载星形电路的电压、电流计算。

● 掌握三相负载三角形电路的电压、电流计算。

技能目标

● 会对三相对称星形负载电路进行装接和参数测量。

● 会对三相对称三角形负载电路进行装接和参数测量。

任务描述

本任务学习三相负载电路的基本知识，并进行三相对称星形负载电路和三相对称三角形负载电路的装接与测量。

装接与测量三相负载电路	任务准备	三相负载的星形联结
		三相负载的三角形联结
		三相负载的功率
	任务实施	准备工具、仪表及器材
		检测与记录元器件
		装接三相对称星形负载电路并测量参数
		装接三相对称三角形负载电路并测量参数

任务准备

1. 三相负载的星形联结

三相电路中的三相负载，可能相同也可能不同。通常把各相负载相同的三相负载称为对称负载，如三相电动机、三相电炉等。如果各相负载不同，则称为不对称负载，如三相照明电路中的负载。

把三相负载分别接在三相电源的一根相线和中性线之间，这种接法称为三相负载的星形联结，如图 5-7 所示。图中 Z_U、Z_V、Z_W 为各负载的阻抗值，N′ 为负载的中性点。

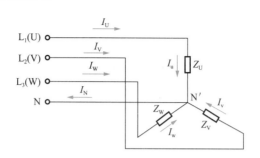

图 5-7　三相负载的星形联结

一般把负载两端的电压称为负载的相电压。在忽略输电线上的电压降时，负载的相电压等于电源的相电压。三相负载的线电压就是电源的线电压。负载的相电压 U_P 和负载的线电压 U_L 的关系仍然为 $U_{YL}=\sqrt{3}\,U_{YP}$。

星形负载接上电源后，就有电流产生，把流过每相负载的电流称为相电流，用 I_u、I_v、I_w 表示，记为 I_P。把流过相线的电流称为线电流，用 I_U、I_V、I_W 表示，记为 I_L。由图 5-7 可知，线电流的大小等于相电流，即

$$I_{YL}=I_{YP} \tag{5-6}$$

三相电路中的每一相就是一个单相电路，所以各相相电流与相电压的数量关系和相位关系都可以用单相电路的方法来讨论。设相电压为 U_P，该相的阻抗为 Z_P，按照欧姆定律可得每相相电流 I_P 的数值均为

$$I_P = \frac{U_P}{Z_P} \tag{5-7}$$

对于感性负载来说，各相相电流滞后对应电压的角度可按下式计算：

$$\varphi = \arctan\frac{X_L}{R} \tag{5-8}$$

式中，X_L 和 R 分别为该相的感抗和电阻。

从图 5-7 中可以看出，负载星形联结时，中性线电流为各相相电流的相量和。在三相对称电路中，由于各负载相同，因此流过各相负载的电流大小应相等，而且每相电流间的相位差仍为 120°，其相量图如图 5-8 所示（以 U 相电流为参考）。由图 5-8 可知：

$$\dot{I}_N = \dot{I}_U + \dot{I}_V + \dot{I}_W = 0 \tag{5-9}$$

即中性线电流为 0。

由于三相对称负载星形联结时中性线电流为零，因此取消中性线也不会影响三相电路的工作，三相四线制就转变成了三相三线制。通常工厂中的三相电动机专用动力电路，由于电动机的三相绕组是对称的，因此采用三相三线制。

当三相负载不对称时，各相相电流的大小不一定相等，相位差也不一定为 120°，

通过计算可知，此时中性线电流不为零，中性线不能取消。通常在低压供电系统中，由于三相负载经常变动（如照明电路中的灯具经常要开关），是不对称负载，因此当中性线存在时，它能平衡各相相电压，保证三相成为三个互不影响的独立回路，此时各相负载电压等于电源的相电压，不会因负载变动而变动。但是，当中性线断开后，各相相电压就不再相等了。经计算和实际测量证明，阻抗较小的负载相电压低，阻抗大的负载相电压高，这可能烧坏接在相电压升高的这相电路中的电器。所以，在三相负载不对

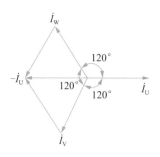

图 5-8　星形负载的电流相量图

称的低压供电系统中，不允许在中性线上安装熔断器或开关，以免中性线断开引起事故。当然，要力求三相负载尽可能平衡以减小中性线电流。例如，在三相照明电路中，应将照明负载平均分接在三相电源上，而不要全部集中接在某一相或两相上。

2. 三相负载的三角形联结

把三相负载分别接在三相电源每两根相线之间，这种接法称为三角形联结，如图 5-9（a）所示。在三角形联结中，由于各相负载是接在两根相线之间的，因此负载的相电压就是电源的线电压，即 $U_{\triangle L}=U_{\triangle P}$。

三角形负载接通电源后，会产生线电流和相电流，图 5-9（a）中所标的 i_U、i_V、i_W 为线电流，i_u、i_v、i_w 为相电流。图 5-9（b）是以 i_u 的初相为零作出的电流相量图。

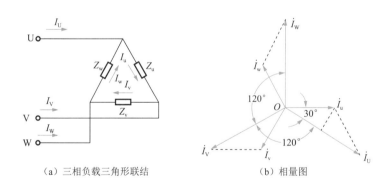

（a）三相负载三角形联结　　　　　（b）相量图

图 5-9　三相负载三角形联结及电流相量图

线电流与相电流的关系可根据基尔霍夫第一定律求得。因 $i_U=i_u-i_w$，则对应的相量式为

$$\dot{I}_U=\dot{I}_u-\dot{I}_w=\dot{I}_u+(-\dot{I}_w)$$

根据相量合成法，即可得 $I_U = \sqrt{3}I_u$。同理，可求得 $I_V = \sqrt{3}I_v$，$I_W = \sqrt{3}I_w$。对于作三角形联结的对称负载来说，线电流与相电流的数量关系为

$$I_{\triangle L} = \sqrt{3}I_{\triangle P} \qquad\qquad (5\text{-}10)$$

从图 5-9（b）可以看出，线电流总是滞后与之对应的相电流 30°。

由以上讨论可知，三相对称负载作三角形联结时的相电压比作星形联结时的相电压高$\sqrt{3}$倍。因此，三相负载接到电源中，应作三角形联结还是星形联结，要根据负载的额定电压而定。

3. 三相负载的功率

在三相交流电路中，三相负载消耗的总功率为各相负载消耗的功率之和，即

$$P = P_u + P_v + P_w$$
$$= U_u I_u \cos\varphi_u + U_v I_v \cos\varphi_v + U_w I_w \cos\varphi_w$$

式中，U_u、U_v、U_w为各相相电压；I_u、I_v、I_w为各相相电流，$\cos\varphi_u$、$\cos\varphi_v$、$\cos\varphi_w$为各相功率因数。

在对称三相电路中，各相相电压、相电流的有效值相等，功率因数也相等，因而有

$$P = 3U_P I_P \cos\varphi_P = 3P_P \tag{5-11}$$

在实际工作中，测量线电流比测量相电流要方便（指三角形联结的负载），三相功率的计算式通常用线电流、线电压来表示。

当对称负载作星形联结时，有功功率为

$$P_Y = 3U_P I_P \cos\varphi = \sqrt{3}U_L I_L \cos\varphi$$

当对称负载作三角形联结时，有功功率为

$$P_\triangle = 3U_P I_P \cos\varphi = \sqrt{3}U_L I_L \cos\varphi$$

因此，对称负载无论是连接成星形还是连接成三角形，其总有功功率均为

$$P = \sqrt{3}U_L I_L \cos\varphi \tag{5-12}$$

式中，φ是相电压与相电流之间的相位差，而不是线电流和线电压间的相位差，这一点要特别注意。另外，负载作三角形联结时的线电流并不等于作星形联结时的线电流。

同理，可得到对称三相负载的无功功率Q和视在功率S的数学式，它们分别为

$$Q = 3U_P L_P \sin\varphi = \sqrt{3}U_L I_L \sin\varphi \tag{5-13}$$

$$S = 3U_P I_P = \sqrt{3}U_L I_L = \sqrt{P^2 + Q^2} \tag{5-14}$$

任务实施

1. 准备工具、仪表及器材

1）工具：螺钉旋具、斜口钳、剥线钳等常用电工工具。

2）仪表：万用表、兆欧表、钳形电流表等。

3）器材：完成本任务所需器材如表 5-3 所示。

表 5-3　所需器材

序　号	名　　称	型　　号	规　　格	数　量
1	三相交流电源		380V	1
2	三相低压断路器	NBE7 3P C32	额定电流 32A（或自定）	1
3	熔断器	RL1-15	额定电流 15A（或自定）	3
4	三相异步电动机	Y-112M-4（或自定）	额定功率 4kW，额定电压 380V，额定电流 8.8A，三角形联结，转速 1440r/min	1
5	电工板		800mm×800mm（或自定）	1
6	导轨导线			若干

2. 检测与记录元器件

（1）记录电动机铭牌数据

查看电动机的铭牌，将电动机型号、额定功率等参数填入表 5-4 中。

表 5-4　三相交流异步电动机铭牌数据记录

电动机铭牌	型号		额定功率 /kW	
	额定电压 /V		额定电流 /A	
	接法		工作方式	

（2）检查与检测电动机

三相交流异步电动机使用前应做一些必要的检查，这是避免电动机在运行中发生故障的重要措施之一。

1）检查：检查电动机是否能够正常使用。

① 安装前应检查安装位置所提供的电源电压、频率等是否符合电动机铭牌上规定的额定电压、频率；检查电动机定子绕组的接法是否与铭牌上规定的接法一致。

② 用手转动电动机转子，检查电动机转子转动是否灵活。

2）检测：检测电动机定子绕组的绝缘电阻是否符合要求。

拆除电动机接线盒内所有的连接线或连接片，对于额定电压 500V 以下的电动机可用 500V 兆欧表进行测量。定子绕组对地（机壳）和各相绕组之间的绝缘电阻最低不能小于 0.5MΩ。若对地或相间绝缘电阻不合格，则应烘干后重新测定，达到合格标准后方能投入运行。

① 测量前先检查兆欧表是否能够正常使用。具体方法是：在水平位置平衡放置兆欧表，将 L 和 E 两个接线柱的接线分开，均匀摇动手柄使它以 120r/min 的速度转动 1min，这时指针应指在 "∞" 的位置；再将两个接线柱的接线短接，缓慢摇动手柄，其指针应指在 "0" 的位置。满足这两个条件，表明兆欧表基本正常。

② 定子绕组之间绝缘电阻的测量。测量时，需先拆除接线盒内的连接片，使三相绕组的六个接线端分开，再用兆欧表分别测量每两相之间的绝缘电阻。具体方法是：

将兆欧表 L 接线柱的接线与电动机的一相绕组引线端相接，E 接线柱的接线与电动机的另一相引线端相接，然后摇动兆欧表的手柄，使兆欧表以 120r/min 的速度转动 1min 进行测量。

③ 定子绕组对地（机壳）绝缘的测量。将兆欧表 E 接线柱的接线与电动机机座连通，L 接线柱的接线分别接在电动机的引线线端上，摇动兆欧表的手柄，使兆欧表以 120r/min 的速度转动 1min 进行测量。

3）将检测结果填入表 5-5 中。

表 5-5　三相交流异步电动机检测结果记录表

机械检查	用手转动电动机转子，电动机转子转动是否灵活（　　）		
绝缘电阻测量	兆欧表型号		兆欧表电压等级	
	绕组之间 /MΩ	U—V：	U—W：	W—V：
	绕组对地 /MΩ	U—地：	V—地：	W—地：
	检测结论	电动机绝缘电阻是否符合要求（　　）		

（3）元器件的检测

根据图 5-10 所示的电路图，检测各元器件是否完好，并记入表 5-6 中。

表 5-6　元器件检测记录表

序　号	元器件代号	元器件名称	型号规格	检测结果	备　注
1	QF				
2	FU				

3．装接三相对称星形负载电路并测量参数

（1）三相对称星形负载电路的连接

按照图 5-10 所示的电路图，完成三相对称星形负载电路的连接。

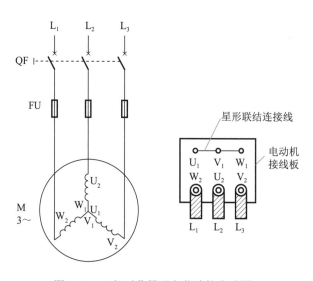

图 5-10　三相对称星形负载连接电路图

（2）三相对称星形负载电路的参数测量

合上 QF，将测量结果记入表 5-7。

表 5-7　测量记录表

星形联结电路	线电压 /V			相电压 /V			线电流 /A			相电流 /A		
	U_{UV}	U_{VW}	U_{WU}	U_u	U_v	U_w	I_U	I_V	I_W	I_u	I_v	I_w
测量数据												
计算电动机功率 /W	$P=$											

注意：在用钳形电流表测量电动机空载电流时，被测电流较小，可将被测导线多绕几圈后再放入钳口测量。被测的实际电流等于仪表读数除以放进钳口中导线的圈数。

4. 装接三相对称三角形负载电路并测量参数

（1）三相对称三角形负载电路的连接

按照 图 5-11 所示的电路图，完成三相对称三角形负载电路的连接。

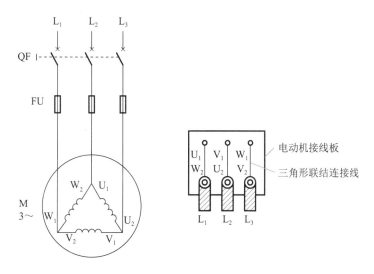

图 5-11　三相对称三角形负载连接电路图

（2）三相对称三角形负载电路的参数测量

合上 QF，将测量结果记入表 5-8。

表 5-8　测量记录表

三角形联结电路	线电压 /V			相电压 /V			线电流 /A			相电流 /A		
	U_{UV}	U_{VW}	U_{WU}	U_u	U_v	U_w	I_U	I_V	I_W	I_u	I_v	I_w
测量数据												
计算电动机功率 /W	$P=$											

注意：在电动机接线板进行三角形联结连线时，三角形联结连接线应适当长些，以便使用钳形电流表进行电动机相电流的测量。

任务评价

三相交流负载装接测试评分记录表如表5-9所示。

表5-9 三相交流负载装接测试评分记录表

序号	任务	评价项目	评价标准	配分	得分	备注
1	准备和使用工具、仪表及器材	工具、仪表及器材准备齐全，使用规范	工具、仪表及器材准备不齐全，每少1件扣1分； 工具、仪表及器材使用不规范，每件扣1分	5		
2	检查与检测元件	低压断路器检测	检测方法不正确或检测结论不正确，扣5分	5		
		熔断器检测	检测方法不正确或检测结论不正确，扣5分	5		
		电动机检测、铭牌认识	检测方法不正确或检测结论不正确，扣1～5分	5		
3	装接和测试三相对称星形负载电路	正确安装三相对称星形负载电路	电路装接方法不正确，或元件接错接反，扣5～10分	10		
		测试电路有无开路、短路	测试方法不正确，或电路出现开路、短路，扣1～5分	5		
		测试电路中的电压	测试电压方法不正确，或选择挡位错误，扣5～10分	10		
		测试电路中的电流	测试电流方法不正确，或选择挡位错误，扣5～10分	10		
4	装接和测试三相对称三角形负载电路	正确安装三相对称三角形负载电路	电路装接方法不正确，或元件接错、接反，扣5～10分	10		
		测试电路有无开路、短路	测试方法不正确，或电路出现开路、短路，扣1～5分	5		
		测试电路中的电压	测试电压方法不正确，或选择挡位错误，扣5～10分	10		
		测试电路中的电流	测试电流方法不正确，或选择挡位错误，扣5～10分	10		
5	安全文明生产（7S）	整理	工具、器具摆放整齐	1		
		整顿	工具、器具和各种材料摆放有序、科学合理	1		
		清扫	实训结束后，及时打扫实训场地卫生	2		
		清洁	保持工作场地清洁	2		
		素养	遵守纪律，文明实训	2		
		节约	节约材料，不浪费	2		
		安全	人身安全，设备安全	否定项		
总分				100		
开始时间		结束时间		实际用时		

思考与练习

一、判断题

1．三相对称电动势的各相有效值相等，频率相等，但相位不相等。　　（　　）

2．对称三相负载作星形联结时，中性线电流为零。　　（　　）

3．为实现短路保护，三相四线制供电系统的相线和中性线均应装设熔断器。

（　　）

4．某三相负载各相阻抗均为 100Ω，则该负载为三相对称负载。　　（　　）

5．三相异步电动机作星形联结时可以不接中性线。　　（　　）

二、选择题

1．一般三相交流发电机三个线圈中的电动势，正确说法应该是（　　）。

 A．它们的最大值不同

 B．它们同时达到最大值

 C．它们的周期不同

 D．它们达到最大值的时间依次落后 1/3 周期

2．异步电动机是由（　　）两部分组成。

 A．定子和转子　　　　　　　　　　B．铁心和绕组

 C．转轴和机座　　　　　　　　　　D．硅钢片与导线

3．三相对称电源的线电压为 380V，对称负载星形联结，没接中性线，若某一相发生短路，则其余各相负载电压为（　　）。

 A．190V　　　　　B．220V　　　　　C．380V　　　D．不确定

4．一个三相四线制供电电路中，相电压为 220V，则相线和相线之间的电压为（　　）。

 A．127V　　　　　B．220V　　　　　C．380V　　　D．311V

5．对称三相四线交流电路中，（　　）。

 A．中性线电流为 0　　　　　　　　B．中性线电流不为 0

 C．中性线电压、电流都不为 0　　　D．中性线断开，相线电流会有变化

三、计算题

1．对称三相电阻炉作三角形联结，每相电阻为 38Ω，接于线电压为 380V 的对称三相电源上，试求负载相电压 U_P、相电流 I_P、线电流 I_L。

2．有一个三相对称负载，每相负载的 $R=6\Omega$，$X_L=8\Omega$，电源电压为 380V，接成星形联结，求线电流、相电流。

项目 **6**

直流稳压电源电路的装接与调试

项目概述

在日常生活中随处可见直流稳压电源的应用，如手机充电、直流电动机的运行、电子电路的工作等。

本项目分为三个任务，主要讲述直流稳压电源中的整流、滤波、稳压的电路结构及工作原理，并完成电路的装接与调试。

任务 6.1 装接与调试单相半波整流滤波电路

任务目标

知识目标

● 了解单相半波整流滤波电路的组成。

● 掌握单相半波整流滤波电路的工作原理。

技能目标

● 掌握测量相关元器件的方法。

● 能按照要求装接单相半波整流滤波电路。

● 能测量单相半波整流滤波电路的相关参数。

任务描述

本任务学习二极管、单相半波整流滤波电路的相关知识，包括二极管的结构、符号、特性，单相半波整流滤波电路的结构和工作原理，并完成单相半波整流滤波电路的装接与调试。

装接与调试单相半波整流滤波电路	任务准备	二极管
		单相半波整流滤波电路
	任务实施	准备工具、仪表及器材
		检测元器件
		装接单相半波整流滤波电路
		测量单相半波整流滤波电路的参数

任务准备

1. 二极管

（1）二极管的结构

二极管在电路中用文字符号 VD 表示，其内部是一个 PN 结，从 P 型区引出的引脚称为正极或阳极，从 N 型区引出的引脚称为负极或阴极，二极管的结构和电路符号如图 6-1 所示。

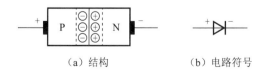

（a）结构　　　　　　（b）电路符号

图 6-1 二极管的结构和电路符号

（2）常用二极管的外形、符号及特性。

二极管具有单向导电性，广泛应用于整流、限幅、检波等电路。常见二极管的外形、电路符号及特性如表 6-1 所示。

表 6-1　常见二极管的外形、电路符号及特性

二极管种类	外　形	电路符号	特　性
整流二极管	带色环的一端为负极	VD	具有单向导电性，即当外接正电压时，电阻很小；当外接负电压时，电阻很大。常用于整流电路中，将交流电转换成脉动直流电
稳压二极管	带色环的一端为负极	VZ	工作在反向击穿区，反向电流在较大范围内的变化过程中，稳压二极管两端的电压能基本保持不变
发光二极管	长引脚为正极，短引脚为负极	LED	是将电信号转换成光信号的发光器件，具有发光响应速度快、体积小、抗振及耐冲击性能好、功耗低、使用灵活等特点

二极管测量方法（此处以 MF47 型指针式万用表为例进行说明）如下。

1）将指针式万用表的量程调至"$R \times 100\Omega$"或"$R \times 1\mathrm{k}\Omega$"欧姆挡，并进行欧姆调零。

2）将指针式万用表的黑表笔搭在二极管的正极，红表笔搭在负极上，观察指针式万用表的读数。

3）指针式万用表量程不变，将红、黑表笔位置对调，观察指针式万用表的读数。

4）正常情况下，整流二极管正向电阻的阻值为 $4 \sim 10\mathrm{k}\Omega$，反向阻值为无穷大，若在检测时发现正反向电阻阻值都为无穷大或都很小，则说明该二极管损坏。

2．单相半波整流滤波电路

（1）电路结构

单相半波整流滤波电路由电源变压器 T、整流二极管 VD、滤波电容 C 和负载 R_L 组成，如图 6-2 所示。

（2）单相半波整流滤波电路的工作原理

变压器 T 的二次电压 u_2 的波形如图 6-3（a）所示，当 u_2 处于正半周时，整流二极管 VD 上加的是正向电压，处于导通状态。由于加入了滤波电容 C，此时 u_2 对电容 C 充电，电容 C 两端电压 u_C 与 u_2 同步上升，到达 u_2 的峰值。

视频 8：单相半波整流滤波电路工作过程

当二次电压 u_2 到达峰值后又下降到小于 u_C 时，整流二极管 VD 因 $u_C > u_2$ 而截止，于是电容 C 通过负载电阻 R_L 进行放电。因为放电时间常数 $R_\mathrm{L}C$ 通常远大于充电时间常

数，所以放电时间较长，输出电压下降较慢。放电过程一直持续到下一个二次电压 u_2 的正半周，此时 u_2 又开始对电容 C 充电。电容的充放电反复进行，输出波形脉动减小，曲线较为平滑，实现了滤波效果，输出波形如图 6-3（b）所示。

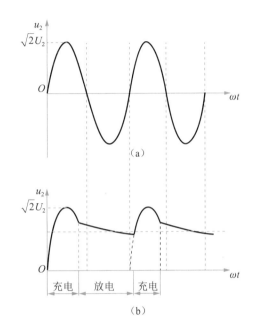

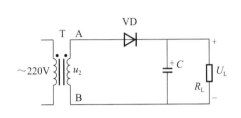

图 6-2　单相半波整流滤波电路　　　　图 6-3　单相半波整流滤波电路输入、输出波形

（3）负载上直流电压、电流的估算

1）负载上的直流电压平均值 U_L。电容滤波电路负载上的直流电压比较平滑，脉动成分较少，所以输出电压平均值有所提高。滤波电容选择合适时，输出电压可按下式进行估算：

$$U_L = U_2 \text{（带负载）} \tag{6-1}$$

$$U_L = \sqrt{2} U_2 \text{（不带负载）} \tag{6-2}$$

式中，U_2 为二次电压 u_2 的有效值。

2）负载上的直流电流 I_L。流过负载 R_L 的直流电流为

$$I_L = \frac{U_L}{R_L} \tag{6-3}$$

（4）滤波电容的选择

1）容量越大，滤波效果越好，输出波形越趋于平滑，输出电压也越高，但电容量达到一定值后，再加大电容量对提高滤波效果无明显作用。通常按下式选择电容：

$$C \geqslant (3 \sim 5) \frac{T}{R_L} \tag{6-4}$$

式中，T 为输入交流电的周期。

2）滤波电容的耐压。当不接负载时，若忽略整流二极管压降，则电容两端的耐压应大于它实际工作所承受的最大电压，即

$$U_C \geqslant 2\sqrt{2}U_2 \tag{6-5}$$

任务实施

1. 准备工具、仪表及器材

1）工具：尖嘴钳、镊子、斜口钳、螺钉旋具等常用电工工具，电烙铁、烙铁架等焊接工具。

2）仪表：指针式万用表（MF47 型）。

3）器材：完成本次任务所需器材如表 6-2 所示。

表 6-2　所需器材

序 号	名 称	规 格	数 量
1	万能板	5cm×7cm（可自定）	1
2	二极管	1N4007	1
3	电阻器	1kΩ	1
4	发光二极管	ϕ5mm，红色	1
5	电容器	100μF/25V	1
6	焊接材料	焊锡丝、松香助焊剂、连接导线等	1

2. 检测元器件

根据单相半波整流滤波电路（图 6-4），选择所需元器件并在表 6-3 中填写相关内容，完成元器件的检测。

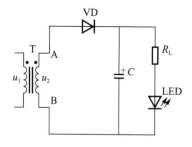

图 6-4　单相半波整流滤波电路

表6-3 元器件检测记录表

序 号	元器件代号	元器件名称	型号规格	检测结果	备 注
1	VD				
2	C				
3	R_L				
4	LED				

3. 装接单相半波整流滤波电路

根据给出的电路图，正确选择所需要的元器件，并按照工艺要求焊接在万能板上。

（1）装接工艺要求

1）对元器件、零部件和材料进行清洁处理，消除附着的杂质，引脚加工尺寸及成形符合工艺要求、无损伤。

2）元器件的插装应遵循"先小后大、先轻后重、先低后高、先里后外"的原则。

3）元器件采用水平装接，贴紧电路板，注意整流二极管、电容装接方向是否正确。

4）在万能板上焊接的元器件的焊点大小适中、光滑、圆润、干净，无毛刺，无漏、假、虚、连焊现象。

（2）装接安全要求

1）电烙铁使用前，应认真检查电源插头和电源线有无损坏，并检查烙铁头是否松动。

2）正确使用电烙铁进行焊接操作，不能用力敲击电烙铁。当电烙铁上的焊锡过多时，应用焊接专用清洁擦拭高温海绵擦掉，切勿乱甩，以防烫伤他人。

3）焊接过程中，电烙铁不能到处乱放。不操作时，应将其放在烙铁架上。电源线不可搭在烙铁头上，以防烫坏绝缘层而发生安全事故。

4）完成焊接后，应及时切断电烙铁的电源，拔下电源插头。待冷却后，再将电烙铁放回工具箱。

4. 测量单相半波整流滤波电路的参数

正确输入交流电，使用指针式万用表完成表6-4内的测量内容。

表6-4 参数记录表

类 别	检查项目	检测参数
通电前	万能板电源输入端电阻	$R_{AB}=$
	电路输入电压	$U_2=$
通电后	U_{AB} 的工作电压	$U_{AB}=$
	U_C 的工作电压	$U_C=$

任务评价

单相半波整流滤波电路装接与测试评分记录表如表6-5所示。

表 6-5 单相半波整流滤波电路装接与测试评分记录表

序 号	任 务	评价项目	评价标准	配 分	得 分	备 注
1	准备和使用工具、仪表及器材	工具、仪表及器材准备齐全,使用规范	工具、仪表及器材准备不齐全,每少1件扣1分;工具、仪表及器材使用不规范,每件扣1分	5		
2	检测元器件	元器件识读与检测	正确识别和使用指针式万用表检测元器件,数据记录不正确,每项扣1分	5		
3	装接电路	装接工艺	元器件、导线装接及元器件上字符标示方向均符合工艺要求;万能板上插件位置正确,接插件、紧固件安装可靠牢固;万能板和元器件无烫伤和划伤,整机清洁无污物。未达到工艺要求,每处扣2分	10		
		焊接工艺	焊点大小适中,无漏、假、虚、连焊现象,焊点光滑、圆润、干净、无毛刺,引脚高度基本一致;导线长度、剥头长度符合工艺要求,芯线完好,捻头镀锡。未达到工艺要求,每处扣2分	10		
4	测量电路的参数	通电前检测	通电前用指针式万用表检查电路,若有问题,则扣5分	10		
			电源接入正确,否则扣5分			
		电路功能正确	按图装接正确,电路功能完整,每返修一次扣10分	30		
		参数正确	具体见任务配分标准	20		
5	安全文明生产(7S)	整理	工具、器具摆放整齐	1		
		整顿	工具、器具和各种材料摆放有序、科学合理	1		
		清扫	实训结束后,及时打扫实训场地卫生	2		
		清洁	保持工作场地清洁	2		
		素养	遵守纪律,文明实训	2		
		节约	节约材料,不浪费	2		
		安全	人身安全,设备安全	否定项		
总 分				100		
开始时间		结束时间		实际用时		

任务6.2 装接与调试单相桥式整流滤波电路 ——

任务目标

知识目标

● 了解单相桥式整流滤波电路的组成。

● 掌握单相桥式整流滤波电路的工作原理。

技能目标

● 能绘制和装接单相桥式整流滤波电路。
● 能测量单相桥式整流滤波电路的相关参数。

任务描述

本任务学习单相桥式整流滤波电路的相关知识，包括单相桥式整流滤波电路的结构和工作原理，并完成单相桥式整流滤波电路的装接与调试。

装接与调试单相桥式整流滤波电路	任务准备	电路结构
		工作原理
		负载上直流电压与电流的估算
		滤波电容的选择
	任务实施	准备工具、仪表及器材
		检测元器件
		装接单相桥式整流滤波电路
		测量单相桥式整流滤波电路的参数

任务准备

在任务实施开始前，首先了解单相桥式整流滤波电路。

1. 电路结构

单相桥式整流滤波电路如图 6-5 所示。电路中二极管 VD_1、VD_2、VD_3、VD_4 组成桥式整流电路，C 为滤波电容，R_L 为负载电阻。

视频 9：单相桥式整流滤波电路工作过程

2. 工作原理

设变压器 T 的二次电压 $u_2 = \sqrt{2}U_2 \sin \omega t$，电压波形如图 6-6（a）所示。在 u_2 的正半周，即 A 点为 "+"，B 点为 "–" 时，VD_1、VD_4 正向导通，VD_2、VD_3 反偏截止，电流 i_L 流通路径为 A 点→ VD_1 → R_L → VD_4 → B 点，负载 R_L 上形成上正下负的电压。

在 u_2 的负半周，即 A 点为 "–"，B 点为 "+" 时，VD_2、VD_3 正向导通，VD_1、VD_4 反偏截止，电流 i_L 流通路径为 B 点→ VD_3 → R_L → VD_2 → A 点，负载 R_L 上同样形成上正下负的电压。

此时，负载 R_L 得到脉动直流电。电容 C 与负载 R_L 并联，当 u_2 电压上升期间，对电容充电，因为充电时间常数很小，电容充电较快，所以电容的电压上升速度完全同步于电源电压上升速度，即 $U_C = U_L$，在 u_2 上升到峰值后开始下降时，电容通过负载电阻放电，电压也随之下降。因为放电时间常数 $R_L C$ 通常远大于充电时间常数，所以输出电压下降较慢，曲线较平滑，输出波形如图 6-6（b）所示。充放电的过程周而复始，可以将整流电路输出电压中的波动成分尽可能地减小，从而得到接近恒稳的直流电。

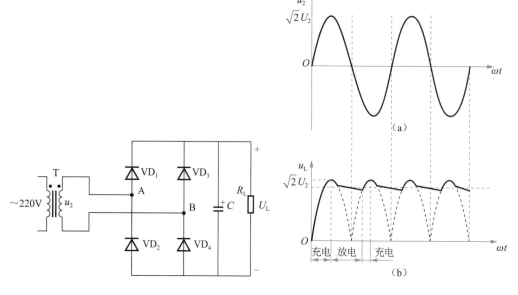

图 6-5　单相桥式整流滤波电路　　　　图 6-6　单相桥式整流滤波电路输入、输出波形

3. 负载上直流电压与电流的估算

1）负载上的直流电压平均值 U_L。电容滤波电路负载上的直流电压比较平滑，脉动成分较少，所以输出电压平均值有所提高。滤波电容选择合适，输出电压可按下式进行估算：

$$U_L = 1.2U_2 （带负载）$$
$$U_L = \sqrt{2}U_2 （不带负载）$$

(6-6)

2）负载上的直流电流 I_L。流过负载 R_L 的直流电流为

$$I_L = \frac{U_L}{R_L}$$

4. 滤波电容的选择

1）电容的容量越大，滤波效果越好，输出波形越趋于平滑，输出电压也越高，但电容的容量达到一定值后，再加大电容容量对提高滤波效果无明显作用。通常按下式选择电容：

$$C \geqslant (3\sim5)\frac{T}{2R_L}$$

(6-7)

2）滤波电容的耐压。当不接负载时，电容两端的耐压应大于其实际工作所承受的最大电压，即

$$U_C \geqslant \sqrt{2}U_2$$

(6-8)

任务实施

1. 准备工具、仪表及器材

1）工具：尖嘴钳、镊子、斜口钳、螺钉旋具等常用电工工具，电烙铁、烙铁架等焊接工具。

2）仪表：指针式万用表（MF47型）。

3）器材：完成本任务所需器材如表6-6所示。

表6-6 所需器材

序 号	名 称	规 格	数 量
1	万能板	5cm×7cm（可自定）	1
2	二极管	1N4007	4
3	电阻器	1kΩ	1
4	发光二极管	ϕ5mm，红色	1
5	电容器	100μF/25V	1
6	焊接材料	焊锡丝、松香助焊剂、连接导线等	1

2. 检测元器件

依照单相桥式整流滤波电路（图6-7），选择所需元器件并在表6-7中填写相关内容，完成元器件的检测任务。

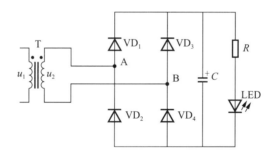

图6-7 单相桥式整流滤波电路

表6-7 元器件检测记录表

序 号	元器件代号	元器件名称	型号规格	检测结果	备 注
1	VD$_1$～VD$_4$				
2	C				
3	R				
4	LE				

3. 装接单相桥式整流滤波电路

根据给出的电路图，正确选择所需要的元器件，按照工艺要求焊接在万能板上。

（1）装接工艺要求

1）对元器件、零部件和材料进行清洁处理，消除附着的杂质，引脚加工尺寸及成形符合工艺要求、无损伤。

2）元器件的插装应遵循"先小后大、先轻后重、先低后高、先里后外"的原则。

3）元器件采用水平装接，贴紧万能板，注意整流二极管、电容和发光二极管安装方向是否正确。

4）在万能板上焊接的元器件的焊点大小适中、光滑、圆润、干净，无毛刺；无漏、假、虚、连焊现象。

（2）装接安全要求

具体要求同任务 6.1 中的"装接安全要求"，这里不再赘述。

4．测量单相桥式整流滤波电路的参数

正确输入交流电源，使用指针式万用表完成表 6-8 内的测量内容。

表 6-8　参数记录表

类　别	检查项目	检测参数
通电前	万能板电源输入端电阻	$R_{AB}=$
通电后	电路输入电压	$U_2=$
	U_{AB} 的工作电压	$U_{AB}=$
	U_C 的工作电压	$U_C=$

任务评价

单相桥式整流滤波电路装接与调试评分记录表如表 6-9 所示。

表 6-9　单相桥式整流滤波电路装接与调试评分记录表

序　号	任　务	评价项目	评价标准	配　分	得　分	备　注
1	准备和使用工具、仪表及器材	工具、仪表及器材准备齐全，使用规范	工具、仪表及器材准备不齐全，每少1件扣1分；工具、仪表及器材使用不规范，每件扣1分	5		
2	检测元器件	元器件识读与检测	正确识别和使用指针式万用表检测元器件，数据记录不正确，每项扣1分	5		
3	装接电路	装接工艺	元器件、导线装接及元器件上字符标示方向均符合工艺要求；万能板上插件位置正确，接插件、紧固件装接可靠牢固；万能板和元器件无烫伤和划伤处，整机清洁无污物。未达到工艺要求，每处扣2分	10		
		焊接工艺	焊点大小适中，无漏、假、虚、连焊现象，焊点光滑、圆润、干净，无毛刺，引脚高度基本一致；导线长度、剥头长度符合工艺要求，芯线完好，捻头镀锡。未达到工艺要求，每处扣2分	10		

续表

序　号	任　务	评价项目	评价标准	配　分	得　分	备　注
4	测量电路的参数	通电前检测	通电前用指针式万用表检查电路，若有问题，则扣 5 分	10		
			电源接入正确，否则扣 5 分			
		电路功能正确	按图装接正确，电路功能完整，每返修一次扣 10 分	30		
		参数正确	具体见任务配分标准	20		
5	安全文明生产（7S）	整理	工具、器具摆放整齐	1		
		整顿	工具、器具和各种材料摆放有序、科学合理	1		
		清扫	实训结束后，及时打扫实训场地卫生	2		
		清洁	保持工作场地清洁	2		
		素养	遵守纪律，文明实训	2		
		节约	节约材料，不浪费	2		
		安全	人身安全，设备安全	否定项		
总　分				100		
开始时间		结束时间		实际用时		

🌐 任务拓展

将脉动直流电转换成较平滑的直流电，这个过程称为滤波。滤波电路的类型主要有三种：电容滤波电路、电感滤波电路和复式滤波电路。单相桥式整流滤波电路就是电容滤波电路的典型代表。

（1）电感滤波

电感对交流阻抗大而对直流阻抗小，可用带铁心的线圈做成滤波器。电感滤波输出电压较低，但输出电压波动小，随负载变化也很小，适用于负载电流较大的场合。

（2）复式滤波

复式滤波电路常用的有 LC 型、LC-π 型和 RC-π 型，如图 6-8 所示。其电路组成原则是：将对交流阻抗大的元件（如电感、电阻）与负载串联，将对交流阻抗小的元件（如电容）与负载并联。其滤波原理与电容、电感滤波相似。

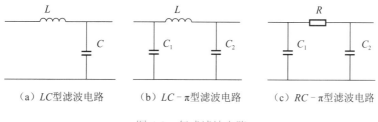

（a）LC 型滤波电路　　　（b）LC-π 型滤波电路　　　（c）RC-π 型滤波电路

图 6-8　复式滤波电路

任务6.3　装接与调试集成稳压电源电路 ——

◎ 任务目标

知识目标

● 了解三端集成稳压器的引脚。

● 掌握集成稳压电路的结构，会分析其工作原理。

技能目标

● 能按照要求装接集成稳压电源电路。

● 能测量集成稳压电源电路的相关参数。

≡ 任务描述

本任务学习三端集成稳压器的相关知识，包括常用三端集成稳压器的型号、典型应用电路的结构和工作原理，并完成 ±24V 集成稳压电源电路的装接与调试。

装接与调试集成稳压电源电路	任务准备	固定式三端集成稳压器
		可调式三端集成稳压器
	任务实施	准备工具、仪表及器材
		检测元器件
		装接 ±24V 集成稳压电源电路
		测量 ±24V 集成稳压电源电路的参数

↻ 任务准备

常见的三端集成稳压器可分为固定式三端集成稳压器和可调式三端集成稳压器。

1. 固定式三端集成稳压器

固定式三端集成稳压器分为正电压输出和负电压输出两类。CW78×× 系列是正电压输出的固定式三端集成稳压器，CW79×× 系列是负电压输出的固定式三端集成稳压器。CW78××/CW79×× 系列中"××"表示集成稳压器输出电压的数值，以 V 为单位。例如，CW7805 表示输出电压为 +5V，CW7924 表示输出电压为 −24V。三端集成稳压器有三个引脚，分别为输入端、公共端和输出端。固定式三端集成稳压器的外形如图 6-9 所示。

（a）CW78××系列
1—输入端；2—公共端；3—输出端

（b）CW79××系列
1—公共端；2—输入端；3—输出端

图 6-9　固定式三端集成稳压器的外形

CW78××/CW79×× 系列三端集成稳压器的典型应用电路如图 6-10 所示，其中 C_1、C_2 分别为输入端和输出端的高频旁路电容。

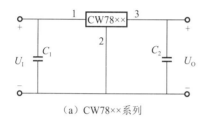
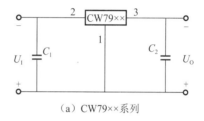

（a）CW78××系列

（a）CW79××系列

图 6-10　固定式三端集成稳压器的典型应用电路

2．可调式三端集成稳压器

可调式三端集成稳压器常见型号有 LM317（正电压输出）、LM337（负电压输出），输出电压为 1.2 ～ 35V（或 –35 ～ –1.2V）连续可调，输出电流为 0.5 ～ 1.5A。可调式三端集成稳压器的引脚排列与功能对照关系如图 6-11 所示。

其常见电路图如图 6-12 所示。其中，电容 C_1 有利于提高纹波抑制能力，电容 C_2 可以消除 R_P 上的波动电压，使取样电压稳定，C_3 能消除振荡。

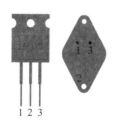
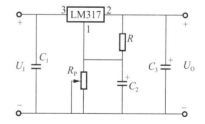

图 6-11　可调式三端集成稳压器的引脚排列　　　图 6-12　可调式三端集成稳压器的常见电路
　　　　　　与功能对照关系

LM317：1—调整端，2—输出端，3—输入端；
　LM337：1—调整端，2—输入端，3—输出端

任务实施

1. 准备工具、仪表及器材

1）工具：尖嘴钳、镊子、斜口钳、螺钉旋具等常用电工工具，电烙铁、烙铁架等焊接工具。

2）仪表：指针式万用表（MF47 型）。

3）器材：完成本任务所需器材如表 6-10 所示。

表 6-10　所需器材

序 号	名　称	规　格	数 量
1	万能板	5cm×7cm（可自定）	1
2	二极管	1N4007	4
3	电阻器	5.6kΩ	2
4	发光二极管	ϕ5mm，红色	2
5	电容器	470μF/100V	2
6	电容器	220μF/100V	2
7	电容器	1μF	4
8	集成稳压芯片	7824	1
9	集成稳压芯片	7924	1
10	焊接材料	焊锡丝、松香助焊剂、连接导线等	1

2. 检测元器件

根据 ±24V 集成稳压电源电路（图 6-13），选择所需元器件并在表 6-11 中填写相关内容，完成元器件的检测。

视频 10：三端集成稳压器的检测方法

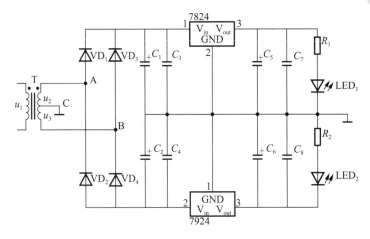

图 6-13　±24V 集成稳压电源电路

表 6-11　元器件检测记录表

序　号	元器件代号	元器件名称	型号规格	检测结果	备　注
1	$VD_1 \sim VD_4$				
2	C_1				
3	C_2				
4	C_3				
5	C_4				
6	C_5				
7	C_6				
8	C_7				
9	C_8				
10	7824				
11	7924				
12	R_1				
13	R_2				
14	LED_1				
15	LED_2				

3. 装接 ±24V 集成稳压电源电路

根据给出的电路图，正确选择所需要的元器件，按照工艺要求焊接在万能板上。

（1）装接工艺要求

1）对元器件、零部件和材料进行清洁处理，消除附着的杂质，引脚加工尺寸及成形符合工艺要求、无损伤。

2）元器件的插装应遵循"先小后大、先轻后重、先低后高、先里后外"的原则。

3）元器件采用水平安装，贴紧万能板，注意集成稳压器、电容和发光二极管安装方向是否正确。

4）在万能板上焊接的元器件的焊点大小适中、光滑、圆润、干净，无毛刺；无漏、假、虚、连焊现象。

（2）安装安全要求

具体要求同任务 6.1 中的"装接安全要求"，这里不再赘述。

4. 测量 ±24V 集成稳压电源电路的参数

正确输入交流电源，使用指针式万用表完成表 6-12 内的测量内容。

表 6-12　参数记录表

类　别	检查项目	检测参数	
通电前	万能板电源输入端电阻	$R_{AC}=$	$R_{BC}=$
通电后	电路输入电压	$U_2=$	$U_3=$
	7824 的工作电压	$U_{C3}=$	$U_{C7}=$
	7924 的工作电压	$U_{C4}=$	$U_{C8}=$

任务评价

集成稳压电源电路装接与调试评分记录表如表 6-13 所示。

表 6-13　集成稳压电源电路装接与调试评分记录表

序　号	任务	评价项目	评价标准	配　分	得　分	备　注
1	准备和使用工具、仪表和器材	工具、仪表和器材准备齐全，使用规范	工具、仪表和器材准备不齐全，每少1件扣1分；工具、仪表、器材使用不规范，每件扣1分	5		
2	识别元器件	正确识别和检测元器件	数据记录不正确，每项扣1分	10		
3	检查电路焊点质量	焊点圆润光泽、焊锡适量，无虚焊、毛刺等焊接质量问题	焊接质量出现问题，每处扣2分	15		
4	检查元器件装接工艺	元器件在电路中装接形式、引线长短、安装元器件顺序等需符合工艺要求	按照工艺要求进行装接，安装错误，每件扣2分；装接未符合工艺要求，每件扣2分	15		
5	焊接电路及接线	元器件按电路图规定位置焊接，电源接入及测试点连接正确	按照规定位置正确进行焊接，焊接错误，每处扣2分	15		
6	电路完成与功能实现	通电成功，电路功能完整	一次性成功得满分，每返修一次，扣15分	30		
7	安全文明生产（7S）	整理	工具、器具摆放整齐	1		
		整顿	工具、器具和各种材料摆放有序、科学合理	1		
		清扫	实训结束后，及时打扫实训场地卫生	2		
		清洁	保持工作场地清洁	2		
		素养	遵守纪律，文明实训	2		
		节约	节约材料，不浪费	2		
		安全	人身安全，设备安全	否定项		
总　分				100		
开始时间		结束时间		实际用时		

任务拓展

1. 开关稳压电源的基本工作原理

开关稳压电源简称开关电源（switching power supply），是在电路中起调整电压、实现稳压控制功能的器件，始终以开关方式工作。图 6-14 所示为输入、输出隔离的开关电源原理框图。

其主电路的工作原理为：50Hz 单相交流 220V 电压或三相交流 220V/380V 电压首

先经防电磁干扰的电源滤波器滤波（这种滤波器主要滤除电源的高次谐波），并直接整流滤波（不经过工频变压器降压，滤波电路主要滤除整流后的低频脉动谐波），获得一直流电压，然后将此直流电压经转换电路转换为数十或数百千赫的高频方波或准方波电压，通过高频变压器隔离并降压（或升压）后，再经高频整流、滤波电路，最后输出直流电压。

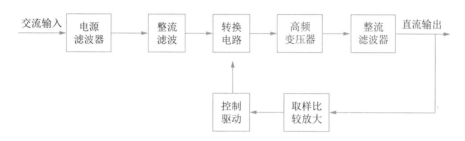

图 6-14　输入、输出隔离的开关电源原理框图

其控制电路的工作原理为：电源接上负载后，通过取样电路获得其输出电压，将此电压与基准电压作比较后，将其误差值放大，用于控制驱动电路，控制变压器中功率开关管的占空比，使输出电压升高（或降低），以获得稳定的输出电压。

2. 开关稳压电源的控制原理

开关电源中，转换电路起着主要的调节稳压作用，这是通过调节功率开关管的占空比来实现的。设开关管的开关周期为 T，在一个周期内，导通时间为 t_{on}，则占空比定义为 $D = \dfrac{t_{on}}{T}$。在开关电源中，改变占空比的控制方式有两种，

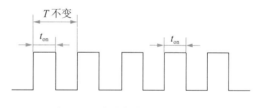

图 6-15　脉冲宽度调制控制方式

即脉冲宽度调制和脉冲频率调制。在脉冲宽度调制中，保持开关频率（开关周期 T）不变，通过改变 t_{on} 来改变占空比 D，从而达到改变输出电压的目的，即 D 越大，滤波后输出电压越大；D 越小，滤波后输出电压越小，如图 6-15 所示。

频率控制方式是一种在保持导通时间 t_{on} 不变的情况下，通过改变频率（即开关周期 T）而达到改变占空比的控制方式。频率控制方式的工作频率是变化的，造成后续电路滤波器的设计比较困难。因此，目前绝大部分开关电源均采用脉冲宽度调制控制。

3. 开关稳压电源的特点

（1）功耗小、效率高

开关管中的开关器件交替工作在导通—截止—导通的开关状态，转换速度快，功率损耗小，电源的效率可以大幅度提高，可达 90% ~ 95%。

（2）体积小、质量小

开关稳压电源效率高，损耗小，可以省去较大体积的散热器；用起隔离作用的高频变压器取代工频变压器可大大减小体积，降低质量。因为开关频率高，所以输出滤

波电容的容量和体积大为减小。

（3）稳压范围宽

开关稳压电源的输出电压由占空比来调节，输入电压的变化可以通过占空比的大小来补偿。这样，在工频电网电压变化较大时，它仍能保证有较稳定的输出电压。

（4）电路形式灵活多样

设计者可以发挥各种类型电路的特长，设计出能够满足不同应用场合的开关稳压电源。

（5）开关噪声干扰

在开关稳压电源中，开关器件工作在开关状态，其产生的交流电压和电流会通过电路中的其他元器件产生尖峰干扰和谐振干扰，对这些干扰如果不采取一定的措施进行抑制、消除和屏蔽，就会严重影响整机正常工作。此外，这些干扰还会串入工频电网，使电网附近的其他电子仪器、设备和家用电器受到干扰。因此，设计开关电源时，必须采取合理的措施来抑制其本身产生的干扰。

思考与练习

一、判断题

1. 二极管导通时，电流是从其正极流入，负极流出的。　　　　　　（　　）

2. 半波整流滤波电路中，整流二极管一直工作在正向导通区。　　　（　　）

3. 在整流电路中，整流二极管只有在截止时，才可能发生击穿现象。（　　）

4. 整流输出电压加电容滤波后，电压波动性减小，故输出电压下降。（　　）

5. 桥式整流滤波电路中，反接其中一个整流二极管，电路将变成半波整流电路。

（　　）

二、选择题

1. 在单相半波整流滤波电路中，如果电源变压器二次电压为 10V，则负载电压将是（　　）。

　　A. 3V　　　　　　B. 4.5V　　　　　　C. 9V　　　　　　D. 10V

2. 在单相桥式整流滤波电路中，如果负载电流为 10A，则流过每只整流二极管的电流为（　　）。

　　A. 10A　　　　　B. 5A　　　　　　C. 4.5A　　　　　D. 6A

3. 桥式整流电路输出的直流电压是变压器二次电压有效值的（　　）。

　　A. 0.45 倍　　　B. 0.9 倍　　　　　C. 1 倍　　　　　D. 1.2 倍

4. 有一桥式整流电路，变压器的二次有效值 V_2=20V，R_L=40Ω，若输出电压等于 9V，则表明（　　）。

　　A. 电路工作正常　　　　　　　　B. 负载开路

　　C. 有一只二极管开路　　　　　　D. 以上均有可能

5. 电容滤波电路是在负载两端（　　）而构成。

　　A. 并联一个电感　　　　　　　　B. 并联一个电容

　　C. 串联一个电阻　　　　　　　　D. 串联一个电容

三、计算题

1. 有一个桥式整流电容滤波电路，要求输出直流电压为 24V，输出直流电流为 0.24A。

（1）求变压器二次电压的大小；

（2）求整流二极管中的电流及其承受的最高反向电压。

2. 整流滤波电路如图 6-16 所示，二极管是理想元件，电容 $C=500\mu F$，负载电阻 $R_L=5k\Omega$，开关 S_1 闭合、S_2 断开时，直流电压表（V）的读数为 141.4V，求：

（1）开关 S_1 闭合、S_2 断开时，直流电流表（A）的读数；

（2）开关 S_1 断开、S_2 闭合时，直流电压表（V）和直流电流表（A）的读数；

（3）开关 S_1、S_2 均闭合时，直流电压表（V）和直流电流表（A）的读数（设电流表内阻为零，电压表内阻为无穷大）。

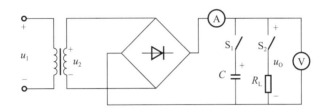

图 6-16　整流滤波电路

项目 7

小信号放大电路的装接与调试

项目概述

低频小信号放大电路简称小信号放大电路。它是利用晶体管的电流控制作用将微小变化的电信号转换为较大变化的电信号，是电子电路中的基本组成电路。

本项目分为两个任务，主要讲述函数信号发生器、数字示波器的使用和小信号放大电路的结构、工作原理、电路装接与调试。

任务 7.1　识别并连接函数信号发生器与数字示波器

任务目标

知识目标

● 了解函数信号发生器及数字示波器的工作原理。

技能目标

● 掌握函数信号发生器及数字示波器的使用方法。

任务描述

本任务学习函数信号发生器和数字示波器的外形结构，并对函数信号发生器和数字示波器进行连接和信号测量。

识别并连接函数信号发生器与数字示波器	任务准备	函数信号发生器
		数字示波器
	任务实施	准备工具、仪表及器材
		连接函数信号发生器与数字示波器
		测量信号

任务准备

1. 函数信号发生器

函数信号发生器是一种信号发生装置，简称信号发生器，能直接产生正弦波、三角波、方波、斜波、脉冲波，波形对称可调并具有反向输出，直流电平可连续调节。TTL 电平信号可与主信号作同步输出。另外，函数信号发生器还具有 VCF 输入控制功能。频率计可作内部频率显示，也可用于测量 1Hz ~ 10.0MHz 的信号频率，电压用 LED 显示。YB1605 函数信号发生器的面板如图 7-1 所示。

图 7-1　YB1605 函数信号发生器的面板

常用的功能键含义如表 7-1 所示。

表 7-1 常用的功能键含义

序 号	面板标志	名 称	作 用
1	频率调节	频率调节旋钮	对信号的频率进行调节
2	电源	电源开关	按下开关，电源接通，电源指示灯亮
3	微调	频率微调旋钮	对信号的频率进行微量调节
4	占空比	占空比调节旋钮	对信号的占空比大小进行调节
5	扫频	扫频旋钮	频率的扫描功能
6	电平	电平调节旋钮	调节电平
7	信号输出	信号输出口	信号的输出连接口
8	幅度	幅度调节旋钮	可以对信号的幅度大小进行调节
9	衰减	衰减选择按钮	信号的衰减选择 20dB/40dB
10	波形选择	波形选择按钮	三角波、矩形波、正弦波三种波形的选择

2. 数字示波器

数字示波器具有多重波形显示、分析和数学运算功能，波形、设置、CSV 和位图文件存储功能，自动光标跟踪测量功能，波形录制和回放功能等，支持即插即用存储设备和打印机，并可通过即插即用存储设备进行软件升级等。

数字示波器前操作面板各通道标志、旋钮和按键的位置及操作方法与传统示波器类似。现以 DS1000 系列数字示波器为例予以说明。

（1）DS1000 系列数字示波器前操作面板简介

DS1000 系列数字示波器的前操作面板如图 7-2 所示。按功能前操作面板可分为八大区，即液晶显示区、功能菜单操作区、常用菜单区、执行按键区、垂直控制区、水平控制区、触发控制区、信号输入 / 输出区。

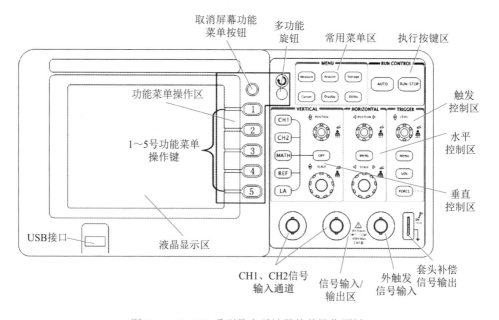

图 7-2 DS1000 系列数字示波器的前操作面板

其中，功能菜单操作区有五个按键，一个多功能旋钮和一个按钮。五个按键用于操作屏幕右侧的功能菜单及子菜单，多功能旋钮用于选择和确认功能菜单中下拉菜单的选项等，按钮用于取消屏幕上显示的功能菜单。

　　常用菜单区如图 7-3 所示。按下任一按键，屏幕右侧会出现相应的功能菜单。通过功能菜单操作区的五个按键可选择功能菜单选项。功能菜单选项中有"◁"符号的，表明该选项有下拉菜单。下拉菜单打开后，可转动多功能旋钮选择相应的项目并按下该旋钮予以确认。功能菜单中有"⬆""⬇"符号的，表明功能菜单一页未显示完，可操作按键上、下翻页。功能菜单中有"↻"符号的，表明该项参数可转动多功能旋钮进行设置调整。按下取消功能菜单按钮，显示屏上的功能菜单立即消失。

　　执行按键区有 AUTO（自动设置）和 RUN/STOP（运行 / 停止）两个按键。按下 AUTO 键，示波器将根据输入的信号，自动设置和调整垂直、水平及触发方式等各项控制值，使波形显示达到最佳适宜观察状态，若需要，还可进行手动调整。按 AUTO 键后，菜单显示及功能如图 7-4 所示。RUN/STOP 键为运行 / 停止波形采样按键。运行（波形采样）状态时，按键为黄色；按一下按键，停止波形采样且按键变为红色，有利于绘制波形并可在一定范围内调整波形的垂直衰减和水平时基；再按一下，恢复波形采样状态。需要注意的是，应用自动设置功能时，要求被测信号的频率大于或等于 50Hz，占空比大于 1%。

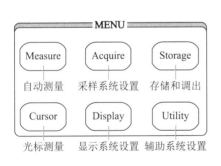

图 7-3　常用菜单区

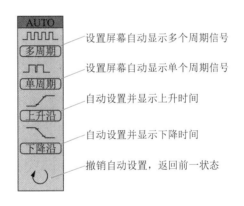

图 7-4　菜单显示及功能

　　垂直控制区如图 7-5 所示。垂直位置旋钮可设置所选通道波形的垂直显示位置。转动该旋钮不但显示的波形会上下移动，而且所选通道的"地"（GND）标志也会随波形上下移动并显示于屏幕左状态栏，移动值则显示于屏幕左下方；按下垂直位置旋钮，垂直显示位置快速恢复到零点（即显示屏水平中心位置）处。垂直衰减旋钮可调整所选通道波形的显示幅度。转动该旋钮改变"Volt/div（伏 / 格）"垂直挡位，同时下状态栏对应通道显示的幅值也会发生变化。CH1、CH2、MATH、REF 为通道或方式按键，按下某按键，屏幕将显示其功能菜单、标志、波形和挡位状态等信息。OFF 键用于关闭当前选择的通道。

　　水平控制区如图 7-6 所示，主要用于设置水平时基。水平位置旋钮可调整信号波形在显示屏上的水平位置，转动该旋钮不但波形随之水平移动，而且触发位移标志"T"也在显示屏上部随之移动，移动值显示在屏幕左下角；按下此旋钮，触发位移恢复到水平零点（即显示屏垂直中心线置）处。水平衰减旋钮可改变水平时基挡位设置，转动该旋钮改变"s/div（秒/格）"水平挡位，下状态栏 Time 后显示的主时基值也会发生相应的变化。水平扫描速度从 20ns ～ 50s，以 1—2—5 的形式步进。按动水平衰减旋钮可快速打开或关闭延迟扫描功能。按水平功能菜单键 MENU，显示 TIME 功能菜单，在此菜单下，可开启/关闭延迟扫描，切换 Y（电压）－T（时间）、X（电压）－Y（电压）和 ROLL（滚动）模式，设置水平触发位移复位等。

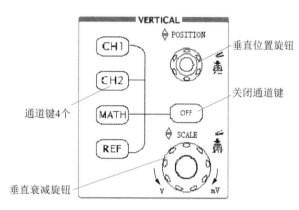
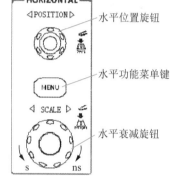

图 7-5　垂直控制区　　　　　　　　　　图 7-6　水平控制区

触发控制区主要用于触发系统的设置。转动触发电平设置旋钮，屏幕上会出现一条上下移动的水平黑色触发线及触发标志，且左下角和上状态栏最右端触发电平的数值也随之发生变化。停止转动触发电平设置旋钮，触发线、触发标志及左下角触发电平的数值会在约 5s 后消失。按下触发电平设置旋钮，触发电平快速恢复到零点。按MENU 键可调出触发功能菜单，改变触发设置。利用 50% 按钮可设定触发电平在触发信号幅值的垂直中点。按 FORCE 键，强制产生一个触发信号，主要用于触发方式中的"普通"和"单次"模式。

信号输入/输出区中，CH1 和 CH2 为信号输入通道，EXT TRIG 为外触发信号输入端，最右侧为示波器校正信号输出端（输出频率 1kHz、幅值 3V 的方波信号）。

（2）DS1000 系列数字示波器显示界面说明

DS1000 系列数字示波器显示界面，主要包括波形显示区和状态显示区。液晶屏边框线以内为波形显示区，用于显示信号波形、测量数据、水平位移、垂直位移和触发电平值等。位移值和触发电平值在转动旋钮时显示，停止转动 5s 后消失。显示屏边框线以外为上、下、左三个状态显示区（栏）。下状态栏通道标志为黑底的是当前选定通道，操作示波器面板上的按键或旋钮只有对当前选定通道有效，按下通道按键可选定通道。状态显示区显示的标志位置及数值随面板相应按键或旋钮的操作而变化。

任务实施

1. 准备工具、仪表及器材

仪表：万用表、数字示波器、函数信号发生器。

2. 连接函数信号发生器与数字示波器

（1）数字示波器内校准信号的自检

1）调出校准信号：将数字示波器内的方波校准信号通过专用电缆线接入通道1（或通道2），调节数字示波器各有关旋钮和开关，在屏幕上可以显示方波。

2）测量校准信号幅值和频率：将水平和垂直灵敏度开关置于校准位置，读取幅值和周期，并计算频率，记入表7-2。如果与标称值相比误差较大，则由指导教师进行校准。

3）测量校准信号的上升时间：调节 Y 轴灵敏度开关，并移动波形，使方波在垂直方向上正好占据中心轴上，且上下对称，便于阅读；提高 X 轴（扫描）灵敏度，使波形在 X 轴方向扩展（必要时可利用"扫描扩展"开关将 X 轴灵敏度扩展10倍），读取上升时间，记入表7-2。

表7-2 校准信号的测量

测量对象	标准值（每项4分）	测量值（每项4分）
幅度（$U_{\text{P-P}}$）/V		
频率 f/Hz		
上升时间 t/μs		

（2）函数信号发生器与数字示波器的连接

根据图7-7将函数信号发生器与数字示波器进行连接。

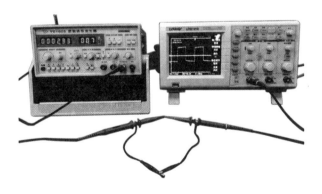

图7-7 函数信号发生器与数字示波器的连接

3. 测量信号

（1）正弦波的测量

1）将数字示波器的幅度和扫描微调旋钮置于校准位置。

2）将函数信号发生器的波形选择开关置于正弦位置，通过数字示波器的探头将信号引入 Y1 通道（或 Y2 通道）。

3）幅值和频率的测量：调节函数信号发生器输出 2V、1kHz（频率计读数）正弦信号，在示波器上读出信号的周期和幅值，记入表 7-3，并与已知值（频率计读数）相比较。

表 7-3　波形参数的测量 1

输入波形		数字示波器显示波形（12 分）	数字示波器测量值	
波形类别（1 分）			周期（2 分）	
波形频率 /Hz（2 分）			测量挡位（2 分）	
			峰值（最大值）（2 分）	
电压有效值 /V（2 分）			测量挡位（2 分）	

（2）方波脉冲信号的测量

1）调节函数信号发生器，将其波形选择开关置于方波位置。

2）调节函数信号源的输出幅度为 3.0V/100Hz 方波信号的波形参数。

3）观测波形参数的变化，并记录于表 7-4。

表 7-4　波形参数的测量 2

输入波形		数字示波器显示波形（12 分）	数字示波器测量值	
波形类别（1 分）			周期（2 分）	
波形频率 /Hz（2 分）			测量挡位（2 分）	
			峰值（最大值）（2 分）	
电压有效值 /V（2 分）			测量挡位（2 分）	

任务评价

函数信号发生器和数字示波器的连接评分记录表如表 7-5 所示。

表 7-5　函数信号发生器和数字示波器的连接评分记录表

序号	任务	评价项目	评价标准	配分	得分	备注
1	准备和使用工具、仪表及器材	仪表准备齐全，使用规范	仪表准备不齐全，每少 1 件扣 2 分；仪表使用不规范，每件扣 2 分	6		

续表

序号	任务	评价项目	评价标准	配分	得分	备注
2	自检校准信号	挡位的选择、数据记录	正确选择挡位并记录数据，具体见任务配分标准	24		
3	连接函数信号发生器与数字示波器	函数信号发生器与数字示波器的正确连接	选择正确的输入/输出端口，将信号发生器与示波器进行连接，未达到要求，每处扣5分	10		
4	测量信号	正弦波的测量	具体见任务实施中的各项配分标准	25		
		方波的测量	具体见任务实施中的各项配分标准	25		
5	安全文明生产（7S）	整理	工具、器具摆放整齐	1		
		整顿	工具、器具和各种材料摆放有序、科学合理	1		
		清扫	实训结束后，及时打扫实训场地卫生	2		
		清洁	保持工作场地清洁	2		
		素养	遵守纪律，文明实训	2		
		节约	节约材料，不浪费	2		
		安全	人身安全，设备安全	否定项		
总　分				100		
开始时间		结束时间		实际用时		

任务7.2　装接与调试小信号放大器电路

任务目标

知识目标

- 了解晶体管的结构及特性。
- 了解基本放大电路的工作原理。

技能目标

- 会区别晶体管的管型，掌握基本放大电路的装接及调试。

任务描述

本任务学习晶体管的管型结构、电流放大特点，基本放大电路的组成，各元器件的作用、工作过程，对小信号放大电路进行装接与调试。

装接与调试小信号放大器电路	任务准备	晶体管
		基本放大电路
	任务实施	准备工具、仪表及器材
		检测元器件
		装接基本放大电路
		调试基本放大电路及测量参数

任务准备

1. 晶体管

（1）晶体管的基本结构

将两个 PN 结通过一定的工艺结合在一起就构成一个双极型晶体管。根据导电性能不同，双极型晶体管可分为两种导电类型，即 NPN 型晶体管和 PNP 型晶体管，如图 7-8 所示。

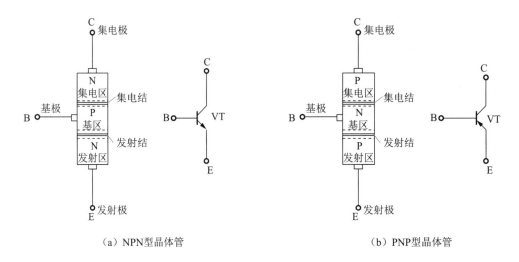

（a）NPN型晶体管　　　　　　　　　　（b）PNP型晶体管

图 7-8　晶体管结构与电路符号

（2）晶体管的电流放大原理及放大条件

在模拟电子电路中，晶体管通常用于进行电流放大，三个引脚的电流关系为

$$I_E=I_B+I_C \tag{7-1}$$

$$I_C=\beta I_B \tag{7-2}$$

式中，β 为晶体管的电流放大倍数。

晶体管在电路中存在的三种状态分别是截止状态、放大状态、饱和状态。这三种状态所对应的工作条件如下。

1）截止状态条件：发射结反偏，集电结反偏。
2）放大状态条件：发射结正偏，集电结反偏。
3）饱和状态条件：发射结正偏，集电结正偏。

2. 基本放大电路

（1）基本放大电路的组成及各元器件的作用

图 7-9 所示为固定偏置式基本放大电路，简称基本放大电路，其电路组成及作用如下。

1）晶体管 VT 是核心器件，在电路中起放大电流、电压的作用。电路中基极与发射极组成输入回路，集电极与发射极组成输出回路，以发射极为公共端（并称公共端为"地"），称为共射放大电路。

2）基极偏置电阻 R_B 的作用是为晶体管提供一个合适的静态基极电流，使晶体管能够不失真地放大输入信号。

3）集电极负载电阻 R_C 的作用是将晶体管集电极电流的变化量转换成集电极电压的变化量，即使管压降 U_{CE} 产生变化，并作为输出电压，从而实现电压放大。

4）耦合电容器 C_1、C_2 的作用是"隔直通交"，利用电容器的特性，使晶体管的直流电流与输入端之前及输出端之后的直流电路隔离，互不影响；当 C_1、C_2 的容量足够大时，它们对交流信号呈现的容抗很小，可视为短路，交流信号就能够顺利地通过。C_1、C_2 的容量应根据信号频率来选取。

5）直流电源 V_{CC} 为基极偏置电路与输出回路提供所需能量。

（2）基本放大电路的工作过程

放大电路在没有信号输入时是一种直流工作状态；加上交流输入信号后是一种直流与交流的混合工作状态。基本放大电路各极的电压与电流波形如图 7-10 所示。

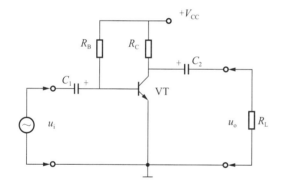 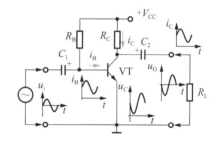

图 7-9　固定偏置式基本放大电路　　图 7-10　基本放大电路各极的电压与电流波形

因此，要分析放大电路的工作原理，可以将电路等效为直流和交流两种不同的状态。

（3）直流等效电路及静态工作点

静态是指当放大电路的输入信号为零时电路的工作状态。

直流等效电路又称直流通路，用于计算放大电路的静态工作点。直流通路是当放大电路在无输入信号时，在直流电源 V_{CC} 作用下直流电流所流通的路径。绘制直流等效电路的原则：对于直流信号，电容视为开路。固定式基本放大电路的直流通路如图 7-11 所示，晶体管电流和电压的静态工作点如图 7-12 所示。

根据图 7-12 可以列出电路静态工作点 Q 的公式如下：

$$I_{BQ} = \frac{V_{CC} - U_{BEQ}}{R_B} \tag{7-3}$$

$$I_{CQ} = \beta I_{BQ} \tag{7-4}$$

$$U_{CEQ} = V_{CC} - I_{CQ}R_C \tag{7-5}$$

式中，I_{BQ} 为静态时晶体管基极电流；V_{CC} 为直流电源电压；U_{BEQ} 为晶体管基极与发射极间的电压，又称导通电压，硅管为 0.7V，锗管为 0.3V；I_{CQ} 为静态时晶体管集电极电流；U_{CEQ} 为晶体管集电极与发射极之间的电压，又称晶体管的管压降。

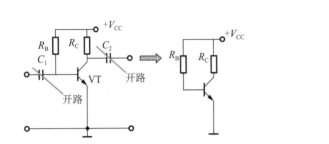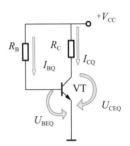

图 7-11　固定式基本放大电路的直流通路　　　　图 7-12　晶体管电流和电压的静态工作点

（4）交流等效电路及交流参数

交流等效电路又称交流通路，用于计算放大电路的交流参数。由于电容器对交流电路相当于短路（将放大电路中的耦合电容器做短路处理），且电源两端的电压保持稳定，即电源接地处理，如图 7-13 所示。

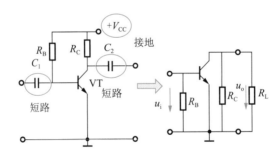

图 7-13　基本放大电路交流通路

1）晶体管的输入电阻计算式为

$$r_{be} = 300 + (1+\beta)\frac{26mV}{I_{EQ}mA} \tag{7-6}$$

2）放大电路的输入电阻计算式为

$$r_i \approx r_{be} \tag{7-7}$$

3）放大电路的输出电阻计算式为

$$r_O = R_C \tag{7-8}$$

4）电路的电压放大倍数计算式为

空载时：

$$A_{\mathrm{u}} = \frac{-\beta R_{\mathrm{C}}}{r_{\mathrm{be}}} \qquad (7\text{-}9)$$

有载时：

$$A_{\mathrm{u}} = \frac{-\beta (R_{\mathrm{C}} \ // \ R_{\mathrm{L}})}{r_{\mathrm{be}}} \qquad (7\text{-}10)$$

任务实施

1．准备工具、仪表及器材

1）工具：电烙铁、尖嘴钳、斜口钳、剥线钳、镊子、螺钉旋具等常用电工工具。
2）仪表：万用表、函数信号发生器、数字示波器。
3）器材：完成本任务所需器材如表 7-6 所示。

表 7-6 完成本任务所需器材

序　号	名　　称	型　号	规　格	数　量
1	晶体管	9013		1
2	固定电阻器		220kΩ	1
3	固定电阻器		2kΩ	2
4	万能板		5cm×7cm（可自定）	1
5	电容器		100μF	2
6	导线			若干

2．检测元器件

根据给出的固定偏置式基本放大电路（图 7-14），选择所需元器件并在表 7-7 中填写相关内容。

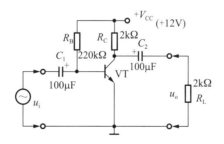

图 7-14 固定偏置式基本放大电路

表 7-7 元器件检测记录表

序　号	元器件代号	元器件名称	型号规格	检测结果	备　注
1	VT				
2	R_C、R_L				
3	R_B				
4	C_1、C_2				

3．装接基本放大电路

根据给出的电路图，正确选择所需要的元器件，按照工艺要求焊接在万能板上。

（1）装接工艺要求

1）对元器件、零部件和材料进行清洁处理，消除附着的杂质，引脚加工尺寸及成形符合工艺要求、无损伤。

2）元器件的插装应遵循"先小后大、先轻后重、先低后高、先里后外"的原则。

3）电阻、晶体管采用水平装接，贴紧万能板，注意晶体管装接方向应正确。

4）在万能板上焊接的元器件的焊点大小适中、光滑、圆润、干净，无毛刺；无漏、假、虚、连焊现象。

（2）装接安全要求

具体要求同任务 6.2 中的"装接安全要求"，这里不再赘述。

4．调试基本放大电路及测量参数

（1）正确接入直流电源 +12V

在通电前，先用万用表欧姆挡检查电路电源、输入回路和输出回路是否短路，再测量直流电源输出是否为 +12V，连接好电路后再通电，切忌带电连接电路。

（2）测量引脚电压并填表

接通电源后，使用万用表合适的直流电压挡分别测量晶体管 B 极、C 极、E 极静态电位，各极间电压，并将结果填入表 7-8 中。

表 7-8 晶体管各极电位测量

电源电压	V_{BQ}	V_{CQ}	V_{EQ}	U_{BEQ}	U_{CEQ}

（3）输入电压 U_i 并填表

接入函数信号发生器（输入 1kHz、$U_{ip\text{-}p}$=200mV 正弦波电压信号），使用数字示波器中 CH1 输入通道测量输入电压波形，CH2 输入通道测量输出电压波形，并记录在表 7-9 中。

表 7-9　波形测量

输入波形（2分）		测 试 值	
		周期（2分）	测量挡位（2分）
		峰值（最大值）（2分）	测量挡位（2分）
输出波形（2分）		测 试 值	
		周期（2分）	测量挡位（2分）
		峰值（最大值）（2分）	测量挡位（2分）

任务评价

基本放大电路的装接与调试评分记录表如表 7-10 所示。

表 7-10　基本放大电路的装接与调试评分记录表

序　号	任　务	评价项目	评价标准	配　分	得　分	备　注
1	准备和使用工具、仪表及器材	工具、仪表及器材准备齐全，使用规范	工具、仪表及器材准备不齐全，每少1件扣1分；工具、仪表及器材使用不规范，每件扣1分	5		
2	检测元器件	元器件识读与检测	正确识别和使用万用表检测元器件（数据记录不正确，每项扣1分）	5		
3	装接电路	装接工艺	元器件、导线装接及元器件上字符标示方向均符合工艺要求；万能板上插件位置正确，接插件、紧固件安装可靠牢固；万能板和元器件无烫伤和划伤处，整机清洁无污物。未达到工艺要求，每处扣2分	10		
		焊接工艺	焊点大小适中，无漏、假、虚、连焊，焊点光滑、圆润、干净，无毛刺，引脚高度基本一致；导线长度、剥头长度符合工艺要求，芯线完好，捻头镀锡。未达到工艺要求，每处扣2分	10		

续表

序　号	任　务	评价项目	评价标准	配　分	得　分	备　注
4	调试电路及测量参数	通电前检测	通电前用万用表检查电路，若有问题，则扣 5 分	10		
			电源接入正确，否则扣 5 分			
		电路功能正确	按图装接正确，电路功能完整，每返修一次扣 10 分	30		
		参数正确	具体见任务实施中的各项配分标准	20		
5	安全文明生产（7S）	整理	工具、器具摆放整齐	1		
		整顿	工具、器具和各种材料摆放有序、科学合理	1		
		清扫	实训结束后，及时打扫实训场地卫生	2		
		清洁	保持工作场地清洁	2		
		素养	遵守纪律，文明实训	2		
		节约	节约材料，不浪费	2		
		安全	人身安全，设备安全	否定项		
总　分				100		
开始时间		结束时间		实际用时		

任务拓展

半导体材料对光、热、电场非常敏感，工作环境温度升高或自身功耗引起的温升都会影响晶体管的工作状态，容易造成静态工作点发生偏移，使电路工作不稳定，甚至无法正常工作。因此，必须设法稳定晶体管的工作点，通常用分压式偏置放大电路来实现静态工作点的稳定，如图 7-15 所示。

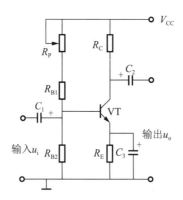

图 7-15　分压式偏置放大电路

1. 基本工作原理

温度 T（℃）↑ → I_C ↑（I_E ↑）→ U_E ↑（U_B 基本不变）→ U_{BE} ↓ → I_B ↓ → I_C ↓。

2．分压式偏置电路静态工作点的估算

$$V_{BQ} = \frac{V_{CC}R_{B2}}{R_P + R_{B1} + R_{B2}} \tag{7-11}$$

$$I_{CQ} \approx I_{EQ} = \frac{V_{BQ} - U_{BEQ}}{R_E} \tag{7-12}$$

$$I_{BQ} = \frac{I_{CQ}}{\beta} \tag{7-13}$$

$$U_{CEQ} = V_{CC} - I_{CQ}(R_C + R_E) \tag{7-14}$$

思考与练习

一、判断题

1．晶体管的放大条件是 $V_C > V_B > V_E$。　　　　　　　　　　　　　（　　）

2．晶体管放大电路是将小能量信号放大成大能量信号。　　　　　　　（　　）

3．静态是电路安静的状态。　　　　　　　　　　　　　　　　　　　（　　）

4．对于直流通路而言，放大电路中的电容器可视为开路。　　　　　　（　　）

5．对于交流通路而言，放大电路中容抗小的电容器可视为短路。　　　（　　）

二、选择题

1．测得某 NPN 型晶体管 $U_{BE}=0.7V$，$U_{CE}=0.2V$，由此可判定其工作在（　　）状态。

　　A．截止　　　　　B．放大　　　　C．饱和　　　　D．开关

2．在放大电路中，实测 $U_{CE}=V_{CC}$ 时，表明晶体管处于（　　）状态。

　　A．截止　　　　　B．放大　　　　C．饱和　　　　D．开关

3．已知晶体管 $\beta=100$，$I_C=1mA$，则 I_B 为（　　）。

　　A．100mA　　　B．10μA　　　C．0.1mA　　　D．10mA

4．在共发射极基本放大电路中，输入电压 u_i 与输出电压 u_o 相位差为（　　）。

　　A．90°　　　　　B．180°　　　C．270°　　　　D．360°

5．放大电路空载时的电压放大倍数比有载时的放大倍数（　　）。

　　A．大　　　　　　B．小　　　　　C．相等　　　　D．无法比较

三、计算题

1．在某放大电路中，晶体管三个电极的电流如图 7-16 所示。已测出 $I_1=-1.2mA$，$I_2=-0.03mA$，$I_3=1.23mA$。

由此可知：

（1）电极①是____极，电极②是____极，电极③是____极；

（2）此晶体管的电流放大系数 β 约为____；

（3）此晶体管的类型是____型（PNP 或 NPN）。

2．某放大电路如图 7-17 所示，已知 $V_{CC}=12V$，$R_B=300kΩ$，$R_C=R_L=R_S=3kΩ$，

$\beta = 50$。试求：

（1）分别画出直流通路和交流通路；

（2）静态工作点 Q；

（3）输入电阻 R_i 和输出电阻 R_o；

（4）R_L 接入情况下电路的电压放大倍数。

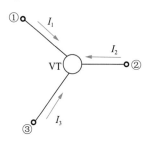

图 7-16　计算题 1

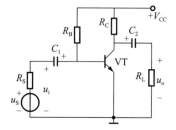

图 7-17　计算题 2

项目 8

集成运算放大器电路的装接与调试

项目概述

集成运算放大电路又称集成运算放大器（简称集成运放），在机电技术的各个领域应用比较广泛。集成运放作为一种高增益的直接耦合放大器，可以应用于各种实用电路。

本项目分为两个任务，主要讲述常用电路中的反相比例运算放大器（简称反相比例运放）和同相比例运算放大器（简称同相比例运放）的结构、工作原理，同时对运算放大器进行装接与调试。

任务8.1 装接与调试反相比例运放电路

任务目标

知识目标

- 了解常用集成运放的结构。
- 了解理想集成运放的性能指标和两个主要结论。
- 掌握反相比例运放电路的结构、电路功能及工作原理。

技能目标

- 会识读常用集成运放引脚功能。
- 能对反相比例运放电路进行装接及测试。

任务描述

本任务学习常用集成运放的结构、电路符号及引脚功能，并利用集成运放（LM324）等元器件进行反相比例运放电路的装接与调试。

装接与调试反相比例运放电路	任务准备	集成运放
		反相比例运放电路
	任务实施	准备工具、仪表及器材
		检测元器件
		装接反相比例运放电路
		调试反相比例运放电路及测量参数

任务准备

1. 集成运放

（1）直流放大器

在电子技术中经常需要放大缓慢变化的信号。例如，为了测量某个物体的温度，先用传感器将被测温度转换成电信号，由于温度的变化十分缓慢，因此转换成的相应电信号也是一个缓慢变化的信号。一般来说，转换成的电信号十分微弱，必须加以放大，才能推动测量仪器、记录机构或控制元件的动作，且此类信号不能用阻容耦合或变压器耦合的方式来放大。因为频率很低的信号将被电容器或变压器阻断，所以必须采用直接耦合的直流放大器。

这种用来放大缓慢变化信号或某个直流量的变化量（统称为直流信号）的放大电路，称为直流放大器。

集成运放的基本组成单元是直流放大器。直流放大器常用的电路是差分放大电路。

（2）集成运放的内部结构

集成运放的内部电路通常由输入级、中间级、输出级和辅助电路 4 部分组成，如图 8-1 所示。其电路符号如图 8-2 所示。

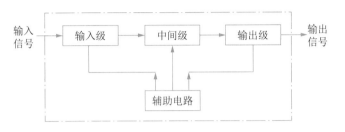

图 8-1　集成运放结构框图

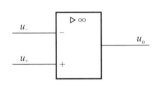

图 8-2　集成运放的电路符号

集成运放的特点如表 8-1 所示。

表 8-1　集成运放的特点

结构名称	特　点
输入级	集成运放输入级由差分放大器构成，以减小运放的零点漂移，改善其他方面的性能，它的两个输入端分别构成整个电路的反相输入端和同相输入端
中间级	中间级主要进行电压放大，要求有高的电压放大倍数，采用共射极放大电路
输出级	为了减小输出电阻，提高放大电路的带负载能力，输出级通常采用互补对称的功率放大器，并带有过载保护
辅助电路	为使各级放大器得到稳定的直流偏置，运算放大器设置了外接调零电路和消除自激振荡的相位补偿电路

集成运放的电路符号省略了电源端、调零端等。其中"+""−"端口分别表示同相输入端、反相输入端。同相输入端"+"输入时，输出电压的相位与输入电压的相位相同，反相输入端"−"输入时，输出电压的相位与输入电压的相位相反。

（3）集成运放的引脚功能

常见集成运放芯片的外形、引脚和主要参数如表 8-2 所示。

表 8-2　常见集成运放芯片的外形、引脚和主要参数

名　称	LM358	LM324
外形		

名　称	LM358	LM324
引脚	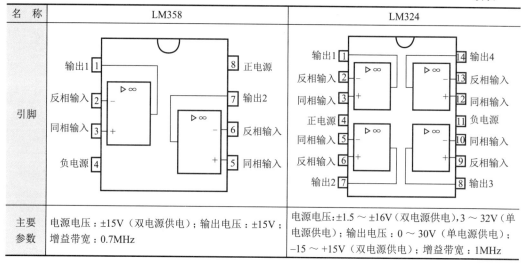	
主要参数	电源电压：±15V（双电源供电）；输出电压：±15V；增益带宽：0.7MHz	电源电压：±1.5～±16V（双电源供电），3～32V（单电源供电）；输出电压：0～30V（单电源供电）；–15～+15V（双电源供电）；增益带宽：1MHz

（4）理想集成运放的性能指标和两个主要结论

1）理想集成运放的性能指标。集成运放应用于电路时，一般将集成运放视为理想集成运放，以使分析简化，理想集成运放的性能指标如下。

① 差模开环电压增益 $A_{ud}=\infty$。

② 差模输入电阻 $R_{id}=\infty$。

③ 输出电阻 $R_o=0$。

④ 共模抑制比 $K_{CMR}=\infty$。

2）两个主要结论。

① 理想运放两个输入端电位相等，即 $u_-=u_+$。这种特性称为"虚短"特性。

② 理想运放输入电流等于零，即 $i_-=i_+$。这种特性称为"虚断"特性。

（5）万用表检测集成运放

使用万用表测量集成运放芯片电源两端的正向电阻值，即可判断该芯片的好坏。具体方法是：芯片正电源接数字式万用表红表笔（指针式万用表黑表笔），负电源（地）接数字式万用表黑表笔（指针式万用表红表笔）。如果测得电阻为零，则说明该集成运放芯片内部已短路；若测得电阻为无穷大，则说明该集成运放芯片内部已开路，均不能使用。

2. 反相比例运放电路

（1）电路结构

反相比例运放的输入信号 u_i 从运放的反相输入端输入，其结构如图 8-3 所示。图中 R_1 为输入耦合电阻，它将输入信号耦合到运放的输入端；R_F 为反馈电阻，引入电压并联负反馈，使运放工作在闭环状态；R_2 为平衡电阻（$R_2=R_1//R_F$），以保证运放的外围电路对称。

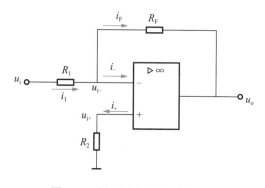

图 8-3　反相比例运放电路的结构

（2）电路参数

根据理想运放的"虚断"和"虚短"特性有

$$u_{i-} = u_{i+} = 0$$

此时反相输入端 u_{i-} 又称虚地。

$$i_1 = \frac{u_i}{R_1}, \quad i_F = \frac{0 - u_o}{R_F}$$

因为 $i_1 = i_F$，整理得

$$\frac{u_i}{R_1} = -\frac{u_o}{R_F}$$

$$u_o = -\frac{R_F}{R_1} u_i \qquad (8\text{-}1)$$

式中，负号表示输入与输出相位相反，且输出与输入成比例，称为反相比例运放。

电压放大倍数为

$$A_{uf} = -\frac{R_F}{R_1} \qquad (8\text{-}2)$$

如果选取 $R_1 = R_F$，则有

$$u_o = -u_i$$

即

$$A_{uf} = -1 \qquad (8\text{-}3)$$

这时的反相比例运放称为反相器。

任务实施

1. 准备工具、仪表及器材

1）工具：电烙铁、尖嘴钳、斜口钳、剥线钳、镊子、螺钉旋具等常用电工工具。

2）仪表：万用表、函数信号发生器、数字示波器。

3）器材：完成本任务所需器材如表8-3所示。

表8-3 所需器材

序　号	名　　称	型　号	规　格	数　量
1	集成运放芯片	LM324		1
2	固定电阻器		20kΩ	1
3	固定电阻器		1kΩ	2
4	万能板		5cm×7cm（可自定）	1
5	导线			若干

2. 检测元器件

根据给出的反相比例运放电路（图8-4），选择所需元器件，并在表8-4中填写相关内容。

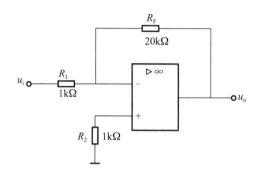

图 8-4　反相比例运放电路

表 8-4　元器件检测记录表

序　号	元器件代号	元器件名称	型号规格	检测结果	备　注
1	LM324				
2	R_1、R_2				
3	R_F				

3. 装接反相比例运放电路

根据给出的电路图，正确选择所需要的元器件，按照工艺要求焊接在万能板上。

（1）装接工艺要求

1）对元器件、零部件和材料进行清洁处理，消除附着的杂质，引脚加工尺寸及成形符合工艺要求、无损伤。

2）元器件的插装应遵循"先小后大、先轻后重、先低后高、先里后外"的原则。

3）电阻、集成运放芯片 LM324 采用水平装接，贴紧万能板，注意 LM324 装接方向是否正确。

4）在万能板上焊接元器件的焊点大小适中、光滑、圆润、干净，无毛刺；无漏、假、虚、连焊现象。

（2）装接安全要求

具体要求同任务 6.1 中的"装接安全要求"，这里不再赘述。

4. 调试反相比例运放电路及测量参数

（1）正确接入直流电源 ±12V

在通电前，先用万用表欧姆挡检查电路电源、输入回路和输出回路是否短路，再测量直流电源输出是否为 ±12V，连接好电路后再通电，切忌带电连接电路。

（2）测量引脚电压并填表

接通电源后，使用万用表合适的直流电压挡分别测量 LM324 的 1 脚电压 U_o、4 脚电压、11 脚电压，并将结果填入表 8-5 中。

表 8-5　反相比例运放电路参数测量

测量对象	测量引脚对地电压		
	1 脚电压 U_o	4 脚电压	11 脚电压
LM324			

（3）输入电压 U_i 测量波形并填表

接入函数信号发生器（输入 1kHz、$U_{ip\text{-}p}$=50mV 正弦波电压信号），使用数字示波器中 CH1 输入通道测量输入电压波形，CH2 输入通道测量输出电压波形，并记录在表 8-6 中。

表 8-6　波形测量 1

输入波形（2分）	测 试 值	
	周期（2分）	测量挡位（2分）
	峰值（最大值）（2分）	测量挡位（2分）
输出波形（2分）	测 试 值	
	周期（2分）	测量挡位（2分）
	峰值（最大值）（2分）	测量挡位（2分）

（4）数据分析

根据电路测试结果，试分析该电路的特点。

1）根据实际测量的数据计算电路电压放大倍数 A_{uf}=_____。

2）观察输入电压、输出电压波形可以判断相位关系是_____。

任务评价

反相比例运放电路的装接与调试评分记录表如表8-7所示。

表8-7 反相比例运放电路的装接与调试评分记录表

序号	任务	评价项目	评价标准	配分	得分	备注
1	准备和使用工具、仪表及器材	工具、仪表及器材准备齐全，使用规范	工具、仪表及器材准备不齐全，每少1件扣1分；工具、仪表及器材使用不规范，每件扣1分	5		
2	检测元器件	元器件识别与检测	正确识别和使用万用表检测元器件，数据记录不正确，每项扣1分	5		
3	装接电路	装接工艺	元器件、导线装接及元器件上字符标示方向均符合工艺要求；万能板上插件位置正确，接插件、紧固件安装可靠牢固；万能板和元器件无烫伤和划伤处，整机清洁无污物。未达到工艺要求，每处扣2分	10		
		焊接工艺	焊点大小适中，无漏、假、虚、连焊，焊点光滑、圆润、干净，无毛刺，引脚高度基本一致；导线长度、剥头长度符合工艺要求，芯线完好，捻头镀锡。未达到工艺要求，每处扣2分	10		
4	调试电路及测量参数	通电前检测	通电前万用表检查电路，若有问题，则扣5分	10		
			电源接入正确，否则扣5分			
		电路功能正确	按图装接正确，电路功能完整，每返修一次扣10分	30		
		参数正确	具体见任务实施中的各项配分标准	20		
5	安全文明生产（7S）	整理	工具、器具摆放整齐	1		
		整顿	工具、器具和各种材料摆放有序、科学合理	1		
		清扫	实训结束后，及时打扫实训场地卫生	2		
		清洁	保持工作场地清洁	2		
		素养	遵守纪律，文明实训	2		
		节约	节约材料，不浪费	2		
		安全	人身安全，设备安全	否定项		
总分				100		
开始时间		结束时间		实际用时		

任务拓展

1. 电路改装

如图 8-5 所示，当 $R_1=R_F$ 时，$u_o = -\dfrac{R_F}{R_1} = -u_i$，输出电压与输入电压大小相等，相位相反，称为反相器。

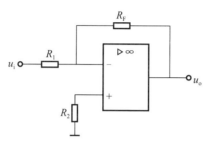

图 8-5　反相器电路

2. 电路调试与参数测量

用数字示波器观察 $R_1=R_F$ 时图 8-5 所示电路输入电压与输出电压的波形，并记录在表 8-8 中。

表 8-8　波形测量 2

输入波形	测 试 值	
	周期	测量挡位
	峰值（最大值）	测量挡位
输出波形	测 试 值	
	周期	测量挡位
	峰值（最大值）	测量挡位

3．理想集成运放的两个工作区域

集成运放可工作在线性区或非线性区，如图 8-6 所示。

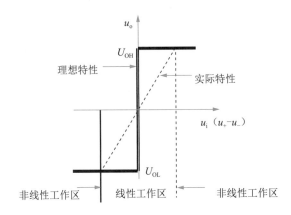

图 8-6　集成运放的线性工作区和非线性工作区

（1）集成运放线性工作区的特点

集成运放线性工作区是指其输出电压 u_o 与输入电压 u_i 成正比时的输入电压范围。由于基础运放具有很高的开环电压增益，因此，电路结构上必须存在从输出端到输入端的负反馈支路，使净输入信号幅度足够小，集成运放的输出处于最大输出电压的范围内，才能保证运放工作在线性工作区。

（2）集成运放非线性工作区的特点

集成运放非线性工作区是指其输出电压 u_o 与输入电压 u_i 不成比例时的输入电压范围。在非线性工作区，集成运放的输入信号超过了线性放大的范围，输出电压不再随输入电压线性变化，而是达到饱和。

集成运放在非线性工作区内一般是开环运用或加正反馈。它的输入电压与输出电压不成比例关系。非线性区工作时集成运放的输入／输出关系如表 8-9 所示。

表 8-9　非线性区工作时集成运放的输入／输出关系

输　入	输　出
$u_- > u_+$	$u_o = U_{OL}$（U_{OL} 为负向饱和压降，即负向最大输出电压，近似负电源电压）
$u_- < u_+$	$u_o = U_{OH}$（U_{OH} 为正向饱和压降，即正向最大输出电压，近似正电源电压）

装接与调试同相比例运放电路

任务目标

知识目标

● 掌握同相比例运放电路的结构及功能。
● 熟悉同相比例运放电路的工作原理。

技能目标

● 会识读常用集成运放引脚功能。
● 会对同相比例运放电路进行装接及测试。

任务描述

本任务学习同相比例运放电路的电路结构和参数，以及该电路的工作原理，并利用集成运放（LM324）等元器件进行同相比例运放电路的装接与调试。

装接与调试同相比例运放电路	任务准备	电路结构
		电路参数
	任务实施	准备工具、仪表及器材
		检测元器件
		装接同相比例运放电路
		调试同相比例运放电路及测量参数

任务准备

1. 电路结构

同相比例运放的输入信号 u_i 从运放的同相输入端输入，如图 8-7 所示。图中 R_2 为输入耦合电阻，它将输入信号耦合到运放的输入端；R_F 为反馈电阻，引入电压串联负反馈，使运放工作在闭环状态。为了保证运放的外围电路对称，取 $R_2=R_1//R_F$。

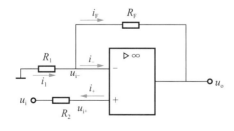

图 8-7　同相比例运放的结构

2．电路参数

根据理想运放"虚断"和"虚短"特性有

$$i_1 = \frac{0 - u_i}{R_1}, \ i_F = \frac{u_i - u_o}{R_F}$$

因为 $i_1 = i_F$，整理得

$$u_o = \left(1 + \frac{R_F}{R_1}\right) u_i \tag{8-4}$$

由式（8-4）可知，输入电压与输出电压相位相同，且输出电压与输入电压成比例，所以该电路称为同相比例运放。

电路的放大倍数为

$$A_{uf} = 1 + \frac{R_F}{R_1} \tag{8-5}$$

如果选取 $R_F = 0$（短路），$R_1 = \infty$（断路），则有

$$u_o = u_i$$

即

$$A_{uf} = 1 \tag{8-6}$$

这时的同相比例运放称为电压跟随器。

任务实施

1．准备工具、仪表及器材

1）工具：电烙铁、尖嘴钳、斜口钳、剥线钳、镊子、螺钉旋具等常用电工工具。
2）仪表：万用表、函数信号发生器、数字示波器。
3）器材：完成本任务所需器材明细表如表 8-10 所示。

表 8-10　所需器材

序　号	名　　称	型　号	规　　格	数　量
1	集成芯片	LM324		1
2	固定电阻器		20kΩ	1
3	固定电阻器		1kΩ	2
4	万能板		5cm×7cm（可自定）	1
5	导线			若干

2．检测元器件

根据给出的同相比例运放电路（图 8-8），选择所需元器件，并在表 8-11 中填写相关内容。

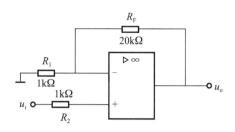

图 8-8 同相比例运放电路

表 8-11 元器件检测记录表

序 号	元器件代号	元器件名称	型号规格	检测结果	备 注
1	LM324				
2	R_1、R_2				
3	R_F				

3. 装接同相比例运放电路

根据给出的电路图，正确选择所需要的元器件，按照工艺要求焊接在万能板上。

（1）装接工艺要求

具体要求同任务 8.1 中的"装接工艺要求"，这里不再赘述。

（2）装接安全要求

具体要求同任务 6.1 中的"装接安全要求"，这里不再赘述。

4. 调试同相比例运放电路及测量参数

（1）正确接入直流电源 ±12V

在通电前，先用万用表欧姆挡检查电路电源、输入回路和输出回路是否短路，再测量直流电源输出是否为 ±12V，连接好电路后再通电，切忌带电连接电路。

（2）测量引脚电压并填表

接通电源后，使用万用表合适的直流电压挡分别测量 LM324 的 1 脚电压 U_o、4 脚电压、11 脚电压，并将结果填入表 8-12 中。

表 8-12 参数测量

测量对象	测量引脚对地电压		
	1 脚电压 U_o	4 脚电压	11 脚电压
LM324			

（3）测量输入电压 U_i 波形并填表

接入函数信号发生器（输入 1kHz、U_{ip-p}=50mV 正弦波电压信号），使用数字示波器中 CH1 输入通道测量输入电压波形，CH2 输入通道测量输出电压波形，并记录在表 8-13 中。

机电设备基本电路装接与调试

表 8-13 波形测量 1

输入波形（2分）	测 试 值	
	周期（2分）	测量挡位（2分）
	峰值（最大值）（2分）	测量挡位（2分）

输出波形（2分）	测 试 值	
	周期（2分）	测量挡位（2分）
	峰值（最大值）（2分）	测量挡位（2分）

（4）数据分析

根据电路测试结果，试分析该电路的特点。

1）根据实际测量的数据计算电路电压放大倍数 $A_{uf} =$ _____。

2）观察输入电压、输出电压波形可以判断相位关系是_____。

任务评价

同相比例运放电路的装接与调试评分记录表如表 8-14 所示。

表 8-14 同相比例运放电路的装接与调试评分记录表

序号	任务	评价项目	评价标准	配分	得分	备注
1	准备和使用工具、仪表及器材	工具、仪表及器材准备齐全，使用规范	工具、仪表及器材准备不齐全，每少1件扣1分；工具、仪表及器材使用不规范，每件扣1分	5		
2	检测元器件	元器件识别与检测	正确识别和使用万用表检测元器件，数据记录不正确，每项扣1分	5		

续表

序　号	任　务	评价项目	评价标准	配　分	得　分	备　注
3	装接电路	装接工艺	元器件、导线装接及元器件上字符标示方向均符合工艺要求；万能板上插件位置正确，接插件、紧固件安装可靠牢固；万能板和元器件无烫伤和划伤处，整机清洁无污物。未达到工艺要求，每处扣2分	10		
		焊接工艺	焊点大小适中，无漏、假、虚、连焊，焊点光滑、圆润、干净、无毛刺，引脚高度基本一致；导线长度、剥头长度符合工艺要求，芯线完好，捻头镀锡。未达到工艺要求，每处扣2分	10		
4	调试电路及测量参数	通电前检测	通电前用万用表检查电路，若有错误，则扣5分	10		
			电源接入正确，否则扣5分			
		电路功能正确	按图装接正确，电路功能完整，每返修一次扣10分	30		
		参数正确	具体见任务实施中的各项配分标准	20		
5	安全文明生产（7S）	整理	工具、器具摆放整齐	1		
		整顿	工具、器具和各种材料摆放有序、科学合理	1		
		清扫	实训结束后，及时打扫实训场地卫生	2		
		清洁	保持工作场地清洁	2		
		素养	遵守纪律，文明实训	2		
		节约	节约材料，不浪费	2		
		安全	人身安全，设备安全	否定项		
总　分				100		
开始时间		结束时间		实际用时		

任务拓展

如果选取 $R_2=R_F=0$ （短路），$R_1=\infty$ （断路），则有 $u_o=u_i$，即输出电压与输入电压大小相等，相位相同，该电路称为电压跟随器，如图 8-9 所示，用数字示波器比较输入电压和输出电压的波形，并填入表 8-15 中。

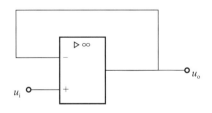

图 8-9　电压跟随器

表 8-15　波形测量 2

输入波形	测 试 值	
	周期	测量挡位
	峰值（最大值）	测量挡位

输出波形	测 试 值	
	周期	测量挡位
	峰值（最大值）	测量挡位

思考与练习

一、判断题

1. 集成运放芯片都是直接耦合放大器。　　　　　　　　　　　（　　）
2. 直流放大器只能放大直流信号。　　　　　　　　　　　　　（　　）
3. 理想集成运放的输入级常用差分放大器。　　　　　　　　　（　　）
4. 反相或同相比例运放电路的输出电压与负载无关。　　　　　（　　）
5. 在比较器电路中，集成运放工作在线性工作区。　　　　　　（　　）

二、选择题

1. 直流放大器的级间耦合通常采用（　　）。
    A．阻容耦合　　　B．变压器耦合　　　C．直接耦合　　　D．电感抽头耦合
2. 集成运放有（　　）。
    A．一个输入端、一个输出端　　　　　B．一个输入端、两个输出端
    C．两个输入端、一个输出端　　　　　D．两个输入端、一个输出端
3. （　　）输入比例运算电路的反相输入端为虚地点。
    A．同相　　　B．反相　　　C．同相和反相　　　D．差分

4．关于集成运放，下列说法正确的是（　　）。

A．输出电阻很大　　　　　　　　　　B．输入电阻很小

C．工作时不需要外接直流电源　　　　D．高增益的多级直接耦合放大器

5．当同相比例运放电路中的 R_1 为（　　）时，输出电压等于输入电压。

A．0　　　　　　B．∞　　　　　　C．R_F　　　　　　D．以上答案都不对

三、计算题

1．如图 8-10 所示电路中，若已知 R_1=30kΩ，R_F=60kΩ，u_i=1mV，则 u_o 为多少？闭环电压放大倍数为多少？为了使电路处于平衡状态，R_2 的值应为多少？

2．如图 8-11 所示电路中，若已知 R_1=30kΩ，R_F=60kΩ，u_i=1mV，则 u_o 为多少？闭环电压放大倍数为多少？为了使电路处于平衡状态，R_2 的值应为多少？

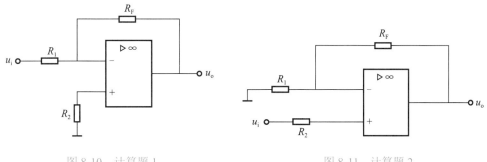

图 8-10　计算题 1　　　　　　　　　　　　　　图 8-11　计算题 2

3．图 8-12 所示为 LM324 引线图，请设计电路实现下列表达式，并画出输出电压 u_o 与输入电压 u_i 符合下列关系的运放电路图，R_F 选用 200kΩ，并在图上标出其他电阻的参数。

（1）u_o=3u_i；

（2）u_o=−5u_i。

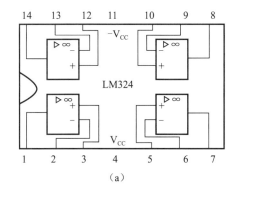
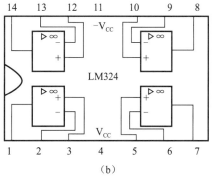

（a）　　　　　　　　　　　　　　　　（b）

图 8-12　LM324 引线图

项目 **9**

组合逻辑门电路的装接与调试

项目概述

根据逻辑功能的不同特点，数字电路可以分成两大类，一类为组合逻辑电路（简称组合电路），另一类为时序逻辑电路（简称时序电路）。组合逻辑电路在逻辑功能上的特点是任意时刻的输出仅仅取决于该时刻的输入，与电路原来的状态无关，电路无记忆功能。时序逻辑电路在逻辑功能上的特点是任意时刻的输出不仅取决于当时的输入信号，还取决于电路原来的状态，或者说，还与以前的输入有关，因此电路有记忆功能。

本项目分为三个任务，主要讲述基本逻辑门电路的装接与调试、复合逻辑门电路的装接与调试、三人表决电路的装接与调试。

任务 9.1　装接与调试基本逻辑门电路

任务目标

知识目标

● 理解与、或、非三种基本逻辑关系。

● 掌握与门、或门、非门基本逻辑门的逻辑功能，熟悉其电路符号。

技能目标

● 能够识读常用集成逻辑门电路的引脚功能。

● 能够进行与门、或门、非门电路的装接及测量。

任务描述

本任务学习数字信号、逻辑门电路、集成逻辑门电路，包括逻辑、逻辑关系、逻辑门电路的概念，与门、或门、非门三种基本逻辑门电路的逻辑符号和逻辑表达式，并对与门、或门和非门三种基本逻辑门电路进行装接与测量。

	任务准备	数字信号
装接与调试基本 逻辑门电路		逻辑门电路
		集成逻辑门电路
	任务实施	准备工具、仪表及器材
		检测元器件
		装接电路
		调试电路并测量参数

任务准备

1. 数字信号

数字信号在时间和数值上都是离散的、不连续的。常见的数字信号波形有矩形波、锯齿波、尖脉冲、阶梯波等，如图 9-1 所示。处理数字信号的电子电路称为数字电路。

通常把数字信号的出现或消失用"1"和"0"来表示，这样一串数字信号就变成由一串"1"和"0"组成的数码，如图 9-2 所示。需要注意的是，数字信号中的"0"和"1"并不表示数量的大小，而是代表电路的工作状态。例如，事件的有无、开关的闭合与断开、晶体管的导通与截止等。

数字电路的输入信号和输出信号只有两种情况，即不是高电平就是低电平，且输入信号与输出信号之间存在着一定的逻辑关系。

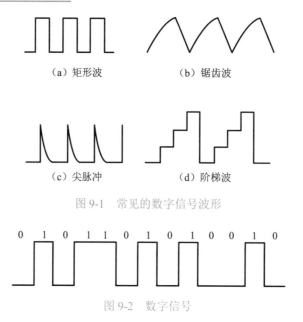

（a）矩形波　　　　　　　（b）锯齿波

（c）尖脉冲　　　　　　　（d）阶梯波

图 9-1　常见的数字信号波形

0 1 0 1 1 0 1 0 1 0 1 0 0 1 0

图 9-2　数字信号

2. 逻辑门电路

逻辑是指事件的前因后果所遵循的规律。如果把数字电路的输入信号看作条件，把输出信号看作结果，那么数字电路的输入信号与输出信号之间存在着一定的因果关系，即存在逻辑关系。能实现一定逻辑关系的电路称为逻辑门电路。基本逻辑门电路有与门、或门和非门三种类型。

（1）与门电路

在图 9-3 所示电路中，只有开关 A、B 同时接通时，灯 Y 才亮；否则，Y 不亮。这就说明，要使灯 Y 亮（结果），开关 A、B 必须同时接通（条件全部具备），这种逻辑关系称为与逻辑关系。即当决定一个事件的所有条件都具备时，事件才发生的逻辑关系。能实现与逻辑关系的电路称为与门电路。

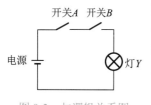

图 9-3　与逻辑关系图

开关 A、B 的通断与灯 Y 的亮灭之间的逻辑功能如表 9-1 所示。

表 9-1　与逻辑功能表

A	B	Y
断	断	灭
断	通	灭
通	断	灭
通	通	亮

若用"0"表示开关断和灯灭，用"1"表示开关通和灯亮，则可得表 9-2 所示表格。

这种用"0"和"1"表示条件的所有组合和对应结果的表格称为真值表。

表 9-2　与门真值表

A	B	Y
0	0	0
0	1	0
1	0	0
1	1	1

如果把结果与变量之间的关系用函数式表示，则可得到与门的逻辑函数表达式为

$$Y = A \cdot B = AB$$

式中，"·"读作与，上式读作 Y 等于 A 与 B，或 Y 等于 AB。

与门逻辑的电路符号如图 9-4 所示。它的逻辑功能为有 0 出 0，全 1 出 1。

（2）或门电路

在图 9-5 所示电路中，只要开关 A、B 中任意一个接通，灯 Y 就能亮；只有当两个开关都断开时，灯 Y 才灭。这就说明，要使灯 Y 亮（结果），开关 A、B 至少接通一个，这种逻辑关系称为或逻辑关系。即当决定一个事件的条件中，只要具备一个或一个以上时，事件就能发生的逻辑关系。能实现或逻辑关系的电路称为或门电路。

<table>
<tr><td>图 9-4　与门逻辑的电路符号</td><td>图 9-5　或逻辑关系图</td></tr>
</table>

开关 A、B 的通断与灯 Y 的亮灭之间的逻辑功能如表 9-3 所示。

表 9-3　或逻辑功能表

A	B	Y
断	断	灭
断	通	亮
通	断	亮
通	通	亮

若用"0"表示开关断和灯灭，用"1"表示开关通和灯亮，则可得或门真值表如表 9-4 所示。

表9-4　或门真值表

A	B	Y
0	0	0
0	1	1
1	0	1
1	1	1

或门的逻辑函数表达式为

$$Y = A + B$$

式中，"+"读作或，上式读作 Y 等于 A 或 B。

或门逻辑的电路符号如图9-6所示，其逻辑功能为有1出1，全0出0。

（3）非门电路

在图9-7所示电路中，开关 A 与灯 Y 并联，当开关 A 断开时，灯 Y 亮；当开关 A 闭合时，灯 Y 灭。这就说明，要使灯 Y 亮（结果），开关 A 应断开。这种逻辑关系称为非逻辑关系。即事件的发生与条件总是呈相反的状态出现。能实现非逻辑关系的电路称为非门电路。

图9-6　或门逻辑的电路符号

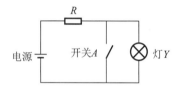

图9-7　非逻辑关系图

开关 A 的通断与灯 Y 的亮灭之间的逻辑功能如表9-5所示。

表9-5　非逻辑功能表

A	Y
断	亮
通	灭

若用"0"表示开关断和灯灭，用"1"表示开关通和灯亮，则可得非门真值表如表9-6所示。

表9-6　非门真值表

A	Y
0	1
1	0

非门的逻辑函数表达式为

$$Y=\overline{A}$$

式中，"‾"读作非，上式读作 Y 等于 A 的非。

非门逻辑的电路符号如图9-8所示，其逻辑功能为有 0
出 1，有 1 出 0。非门电路也常称为反相器。

图 9-8　非门逻辑的电路符号

3. 集成逻辑门电路

基本逻辑关系可以用分立元件组成的电路来实现，也可以由集成逻辑门电路来实现。

随着电子技术和电子集成技术的发展，出现了常用的小规模集成门电路。其中常见的有晶体管 – 晶体管逻辑（transistor-transistor logic，TTL）和互补金属氧化物半导体（complementary metal oxide semiconductor，CMOS）两大系列。TTL 集成门电路以晶体管为主要器件，输入端和输出端都是晶体管结构，主要由输入级、中间级和输出级三部分组成。

（1）TTL 集成逻辑门电路型号

按照国家标准的规定，TTL 集成逻辑门电路的型号由五部分构成，现以 CT74LS04CP 为例说明型号意义，如图9-9所示。

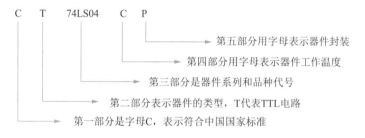

图 9-9　TTL 集成逻辑门电路型号组成

（2）TTL 集成逻辑门电路引脚识读方法

TTL 集成逻辑门电路通常是双列直插式外形。根据功能不同，其一般有8～24个引脚，引脚编号识读方法是把凹槽标志置于左方，引脚向下，逆时针自下而上顺序排列，如图9-10所示。

（3）常用与、或、非集成逻辑门电路

常用与、或、非集成逻辑门的外形和引脚功能如表9-7所示。

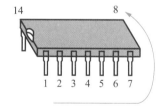

图 9-10　双列直插入式 TTL 集成
逻辑门电路引脚排列

表 9-7　常用与、或、非集成逻辑门的外形和引脚功能

名称	二输入端四与门 74LS08	二输入端四或门 74LS32	六反相器 74LS04
外形			

续表

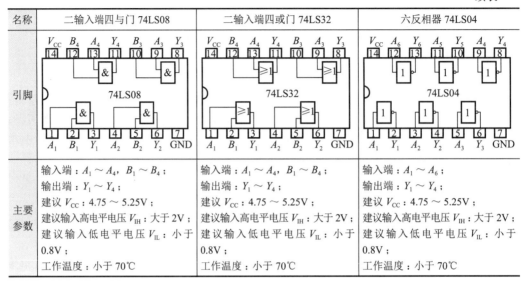

名称	二输入端四与门 74LS08	二输入端四或门 74LS32	六反相器 74LS04
主要参数	输入端：$A_1 \sim A_4$，$B_1 \sim B_4$； 输出端：$Y_1 \sim Y_4$； 建议 V_{CC}：4.75～5.25V； 建议输入高电平电压 V_{IH}：大于2V； 建议输入低电平电压 V_{IL}：小于0.8V； 工作温度：小于70℃	输入端：$A_1 \sim A_4$，$B_1 \sim B_4$； 输出端：$Y_1 \sim Y_4$； 建议 V_{CC}：4.75～5.25V； 建议输入高电平电压 V_{IH}：大于2V； 建议输入低电平电压 V_{IL}：小于0.8V； 工作温度：小于70℃	输入端：$A_1 \sim A_6$； 输出端：$Y_1 \sim Y_4$； 建议 V_{CC}：4.75～5.25V； 建议输入高电平电压 V_{IH}：大于2V； 建议输入低电平电压 V_{IL}：小于0.8V； 工作温度：小于70℃

（4）TTL集成逻辑门电路的使用注意事项

1）TTL集成逻辑门电路的功耗较大，且电源电压必须保证在4.75～5.25V的范围内才能正常工作。为避免电池电压下降影响电路正常工作，建议使用稳压电源供电。

2）在电源接通的情况下，不可插拔集成电路，以避免电流冲击造成永久损坏。

3）TTL集成逻辑门电路的电源正负极性不允许接错，否则可能造成器件的损坏。

4）TTL集成逻辑门电路的输入端不能直接与高于+5.5V或低于-0.5V的低内阻电源连接，否则可能会损坏器件。

5）TTL集成逻辑门电路的输出端不允许与正电源或接地端短路，必须通过电阻与正电源或地端连接。

任务实施

1. 准备工具、仪表及器材

1）工具：电烙铁、尖嘴钳、斜口钳、剥线钳、镊子、螺钉旋具等常用电工工具。

2）仪表：万用表、可调直流稳压电源。

3）器材：完成本任务所需器材如表9-8所示。

表9-8　所需器材

序号	名称	型号	规格	数量
1	集成芯片	74LS08、74LS32、74LS04		3
2	集成芯片底座		14脚双列直插式	
3	万能板		5cm×7cm（或自定）	1
4	导线			若干

2．检测元器件

根据给出的逻辑门电路原理图，正确选择所需集成芯片进行检测，并在表 9-9 中填写相关内容。

表 9-9　元器件准备清单表

序　号	集成门电路	元器件名称	型号规格	检测结果	备　注
1	与门				
2	或门				
3	非门				

1）与门电路的原理图与接线图如图 9-11 所示。

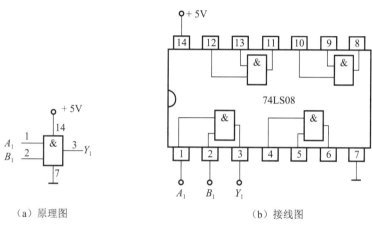

（a）原理图　　　　　　　　　　（b）接线图

图 9-11　与门电路的原理图与接线图

2）或门电路的原理图与接线图如图 9-12 所示。

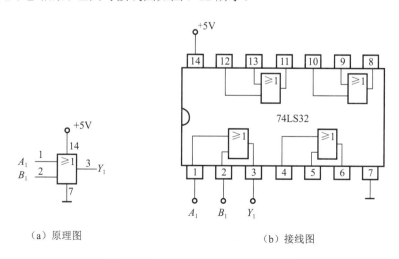

（a）原理图　　　　　　　　　　（b）接线图

图 9-12　或门电路的原理图与接线图

3）非门电路的原理图与接线图如图 9-13 所示。

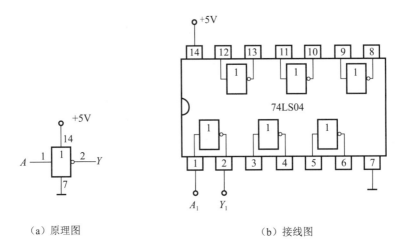

（a）原理图　　　　　　　　　　　　　　　　　（b）接线图

图 9-13　非门电路的原理图与接线图

3. 装接电路

（1）电路装接步骤

1）焊接双列直插式集成逻辑门电路的底座。

2）焊接电源线、接地线和输入线、输出线。

3）将所需的双列直插式集成逻辑门电路芯片插入底座。

（2）电路装接工艺要求

1）对元器件、零部件和材料进行清洁处理，消除附着的杂质，引脚加工尺寸及成形符合工艺要求、无损伤。

2）元器件的装插应遵循"先小后大、先轻后重、先低后高、先里后外"的原则。

3）TTL 集成逻辑门电路芯片底座采用水平装接，贴紧万能板，注意装接方向是否正确。

4）在万能板上焊接的元器件的焊点大小适中、光滑、圆润、干净，无毛刺；无漏、假、虚、连焊现象。

（3）电路装接安全要求

具体要求同任务 6.1 中的"装接安全要求"，这里不再赘述。

4. 调试电路并测量参数

（1）正确接入直流电源 +5V 和接地线

在通电前，先用万用表欧姆挡检查电路电源、输入回路和输出回路是否短路，再测量直流电源输出是否为 +5V，连接好电路后再通电，切忌带电连接电路。

（2）正确接入输入、输出信号

根据逻辑门电路的四种输入情况，在 A、B 输入端分别接入正确的高电平（+5V）和低电平（0V），用万用表测量输出端的值，并将测量值记录在表 9-10 中。

表 9-10 各逻辑门电路输出电压记录表

与 门			或 门			非 门	
输 入		输 出	输 入		输 出	输 入	输 出
A	B	Y	A	B	Y	A	Y
0V	0V		0V	0V		0V	
0V	5V		0V	5V			
5V	0V		5V	0V		5V	
5V	5V		5V	5V			

（3）验证各逻辑门电路的真值表

根据 TTL 数字电路电源一般为 5V，高电平介于 2.7～5V，低电平介于 0～1.3V 的原则，高电平用"1"表示，低电平用"0"表示，验证各逻辑门电路的真值表，并将数据填入表 9-11 中。

表 9-11 各逻辑门电路真值表验证表

与 门			或 门			非 门	
输 入		输 出	输 入		输 出	输 入	输 出
A	B	Y	A	B	Y	A	Y
0	0		0	0		0	
0	1		0	1			
1	0		1	0		1	
1	1		1	1			

任务评价

基本逻辑门电路的装接与调试评分记录表如表 9-12 所示。

表 9-12 基本逻辑门电路的装接与调试评分记录表

序 号	任 务	评价项目	评价标准	配 分	得 分	备 注
1	准备和使用工具、仪表及器材	工具、仪表及器材准备齐全，使用规范	工具、仪表及器材准备不齐全，每件扣 1 分；工具、仪表及器材使用不规范，每次扣 1 分	5		
2	元器件的检测	元器件识读与检测	正确识别和使用万用表检测元器件，数据记录不正确，每项扣 1 分	5		
3	装接电路	装接工艺	元器件、导线装接及元器件上字符标示方向均符合工艺要求，每错一处扣 1 分；万能板上插件位置正确，接插件、紧固件装接可靠牢固，每错一处扣 1 分；万能板和元器件无烫伤和划伤处，整机清洁无污物，每错一处扣 1 分	10		

续表

序 号	任 务	评价项目	评价标准	配 分	得 分	备 注
3	装接电路	焊接工艺	焊点大小适中，无漏、假、虚、连焊，焊点光滑、圆润、干净，无毛刺，引脚高度基本一致，每错一处扣1分；导线长度、剥头长度符合工艺要求，芯线完好，捻头镀锡，每错一处扣1分	10		
4	调试电路及测量参数	通电前检测	通电前用万用表检查电路，若有错误，扣5分	10		
			电源接入正确，否则扣5分			
		电路功能正确	按图装接正确，电路功能完整，每返修一次扣10分	30		
		参数正确	输出电压测量正确，真值表填写正确，每错一处扣1分	20		
5	安全文明生产（7S）	整理	工具、器具摆放整齐	1		
		整顿	工具、器具和各种材料摆放有序、科学合理	1		
		清扫	实训结束后，及时打扫实训场地卫生	2		
		清洁	保持工作场地清洁	2		
		素养	遵守纪律，文明实训	2		
		节约	节约材料，不浪费	2		
		安全	人身安全，设备安全	否定项		
总 分				100		
开始时间		结束时间		实际用时		

任务 9.2　装接与调试复合逻辑门电路

任务目标

知识目标

● 理解与非、或非两种基本逻辑关系。

● 掌握与非门、或非门的逻辑功能，熟悉其电路符号。

技能目标

● 会识读常用四二输入集成与非、或非逻辑门电路的引脚功能。

● 会进行与非门、或非门电路的装接及测量。

任务描述

本任务学习与非门和或非门两种基本复合逻辑门电路的基本知识，包括与非门和或非门的逻辑符号和逻辑表达式，并对与非门和或非门逻辑门电路进行装接与测量。

	任务准备	与非门
		或非门
装接与调试复合		集成逻辑与非门和或非门电路
逻辑门电路	任务实施	准备工具、仪表及器材
		检测元器件
		装接电路
		调试电路及测量参数

任务准备

由与门、或门和非门进行适当组合可以构成其他逻辑门电路。把由与门、或门、非门组成的逻辑门称为复合逻辑门。常用的复合逻辑门有与非门、或非门、异或门、同或门、与或非等。

1. 与非门

在与门后串接非门就构成了与非门。其逻辑结构和逻辑符号如图9-14所示。

图9-14　与非门逻辑结构和逻辑符号

与非门的逻辑表达式为

$$Y = \overline{AB}$$

与非门真值表如表9-13所示。

表9-13　与非门真值表

A	B	Y
0	0	1
0	1	1
1	0	1
1	1	0

由与非门真值表可知，与非门的逻辑功能为有0出1，全1出0。

2. 或非门

在或门后串接非门就构成了或非门。其逻辑结构和逻辑符号如图9-15所示。

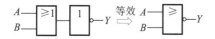

图9-15　或非门逻辑结构和逻辑符号

或非门的逻辑表达式为

$$Y = \overline{A + B}$$

或非门真值表如表 9-14 所示。

表 9-14　或非门真值表

A	B	Y
0	0	1
0	1	0
1	0	0
1	1	0

由或非门真值表可知，或非门的逻辑功能为有 1 出 0，全 0 出 1。

3. 集成逻辑与非门和或非门电路

集成逻辑门电路具有广泛的用途，利用它可以组成很多不同逻辑功能的电路。常用 TTL 集成与非门和集成或非门的外形和引脚功能如表 9-15 所示。

表 9-15　TTL 集成与非门和集成或非门的外形和引脚功能

名称	74LS00（二输入四与非门）	74LS02（二输入四或非门）
外形		
引脚	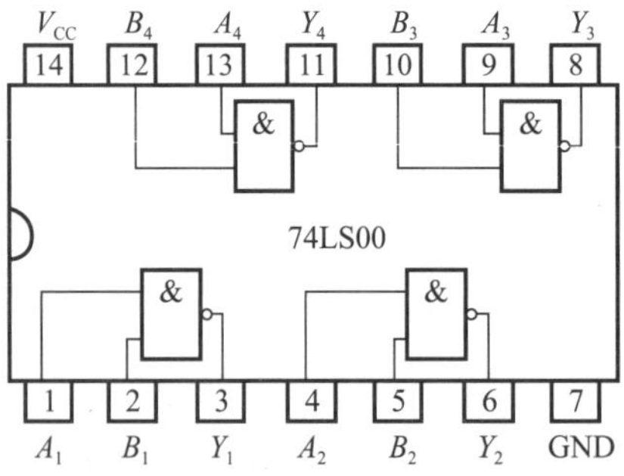	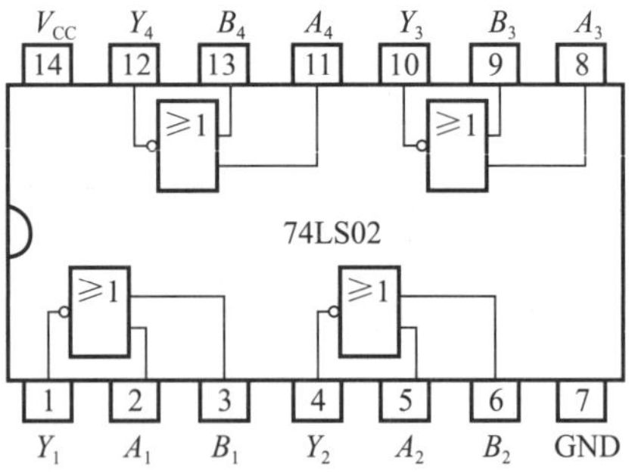
主要参数	输入端：$A_1 \sim A_4$，$B_1 \sim B_4$； 输出端：$Y_1 \sim Y_4$； 建议 V_{CC}：4.75～5.25V； 建议输入高电平电压 V_{IH}：大于 2V； 建议输入低电平电压 V_{IL}：小于 0.8V； 工作温度：小于 70℃	输入端：$A_1 \sim A_4$，$B_1 \sim B_4$； 输出端：$Y_1 \sim Y_4$； 建议 V_{CC}：4.75～5.25V； 建议输入高电平电压 V_{IH}：大于 2V； 建议输入低电平电压 V_{IL}：小于 0.8V； 工作温度：小于 70℃

任务实施

1. 准备工具、仪表及器材

1）工具：电烙铁、尖嘴钳、斜口钳、剥线钳、镊子、螺钉旋具等常用电工工具。

2）仪表：万用表、可调直流稳压电源。

3）器材：完成本任务所需器材如表 9-16 所示。

表 9-16　所需器材

序　号	名　称	型　号	规　格	数　量
1	集成芯片	74LS00、74LS02		2
2	集成芯片底座		14 脚双列直插式	
3	万能板		5cm×7cm（或自定）	1
4	导线			若干

2. 检测元器件

根据给出的逻辑门电路原理图，正确选择所需集成芯片进行检测，并在表 9-17 中填写相关内容。

表 9-17　元器件准备清单表

序　号	集成门电路	元器件名称	型号规格	检测结果	备　注
1	与非门				
2	或非门				

1）TTL 与非门电路原理图与接线图如图 9-16 所示。

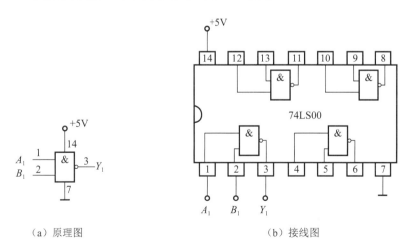

（a）原理图　　　　　　　　　　（b）接线图

图 9-16　TTL 与非门电路原理图和接线图

2）TTL 或非门电路原理图与接线图如图 9-17 所示。

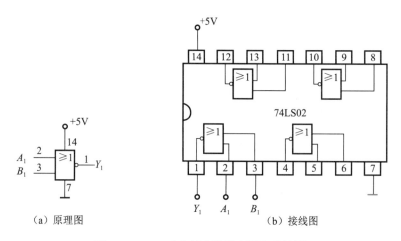

|（a）原理图 | （b）接线图 |

图 9-17　TTL 或非门电路原理图和接线图

3. 装接电路

（1）电路装接步骤

具体步骤同任务 9.1 中的"电路装接步骤"，这里不再赘述。

（2）电路装接工艺要求

具体要求同任务 9.1 中的"电路装接工艺要求"，这里不再赘述。

（3）电路装接安全要求

具体要求同任务 6.1 中的"装接安全要求"，这里不再赘述。

4. 调试电路及测量参数

（1）正确接入直流电源 +5V 和接地线

在通电前，先用万用表欧姆挡检查电路电源、输入回路和输出回路是否短路，再测量直流电源输出是否为 +5V，连接好电路后再通电，切忌带电连接电路。

（2）正确接入输入、输出信号

根据二输入门电路的四种输入情况，在 A、B 输入端分别接入正确的高电平（+5V）和低电平（0V），用万用表测量输出端的值，并将测量值记录在表 9-18 中。

表 9-18　各逻辑门电路输出电压记录表

与 非 门			或 非 门		
输　入		输　出	输　入		输　出
A	B	Y	A	B	Y
0V	0V		0V	0V	
0V	5V		0V	5V	
5V	0V		5V	0V	
5V	5V		5V	5V	

（3）验证各逻辑门电路的真值表

根据 TTL 数字电路电源一般为 5V，高电平介于 2.7 ～ 5V，低电平介于 0 ～ 1.3V 的原则，高电平用"1"表示，低电平用"0"表示，验证各逻辑门电路的真值表，并将数据填入表 9-19 中。

表 9-19　各逻辑门电路真值表验证表

与 非 门			或 非 门		
输　入		输　出	输　入		输　出
A	B	Y	A	B	Y
0	0		0	0	
0	1		0	1	
1	0		1	0	
1	1		1	1	

任务评价

与非、或非逻辑门电路的装接与调试评分记录表如表 9-20 所示。

表 9-20　与非、或非逻辑门电路的装接与调试评分记录表

序　号	任　务	评价项目	评价标准	配　分	得　分	备　注
1	准备和使用工具、仪表及器材	工具、仪表及器材准备齐全，使用规范	工具、仪表及器材准备不齐全，每件扣 1 分；工具、仪表及器材使用不规范，每次扣 1 分	5		
2	检测元器件	元器件识别与检测	正确识别和使用万用表检测元器件，数据记录不正确，每项扣 1 分	5		
3	装接电路	装接工艺	元器件、导线装接及元器件上字符标示方向均符合工艺要求，每错一处扣 1 分；万能板上插件位置正确，接插件、紧固件装接可靠牢固，每错一处扣 1 分；万能板和元器件无烫伤和划伤处，整机清洁无污物，每错一处扣 1 分	10		
		焊接工艺	焊点大小适中，无漏、假、虚、连焊，焊点光滑、圆润、干净，无毛刺，引脚高度基本一致，每错一处扣 1 分；导线长度、剥头长度符合工艺要求，芯线完好，捻头镀锡，每错一处扣 1 分	10		
4	调试电路及测量参数	通电前检测	通电用万用表检查电路，若有错误，扣 5 分；电源接入正确，否则扣 5 分	10		
		电路功能正确	按图装接正确，电路功能完整，每返修一次扣 10 分	30		
		参数正确	输出电压测量正确、真值表填写正确，每错一处扣 1 分	20		

序　号	任　务	评价项目	评价标准	配　分	得　分	备　注
5	安全文明生产（7S）	整理	工具、器具摆放整齐	1		
		整顿	工具、器具和各种材料摆放有序、科学合理	1		
		清扫	实训结束后，及时打扫实训场地卫生	2		
		清洁	保持工作场地清洁	2		
		素养	遵守纪律，文明实训	2		
		节约	节约材料，不浪费	2		
		安全	人身安全，设备安全	否定项		
总　分				100		
开始时间		结束时间		实际用时		

任务 9.3　装接与调试三人表决电路

任务目标

知识目标

● 掌握逻辑代数的基本定律、公式和规则。
● 掌握组合逻辑电路的分析、设计方法。

技能目标

● 会熟练进行逻辑代数的化简。
● 会进行三人表决器的设计、装接与调试。

任务描述

本任务学习逻辑代数和逻辑代数的化简，并进行三人表决电路的装接与调试。

装接与调试三人表决电路	任务准备	逻辑代数
		集成逻辑门电路 74LS10
	任务实施	准备工具、仪表及器材
		检测元器件
		装接电路
		调试电路及测量参数

任务准备

1. 逻辑代数

（1）逻辑代数的基本定律和公式

逻辑代数又称布尔代数或二值代数，是研究逻辑电路的数学工具。它与普通代数类似，只不过逻辑代数的变量只有"0"和"1"两种取值，仅表示两种相反的逻辑状态，不表示数量的大小关系。因而逻辑代数的运算规律与普通代数有差别。

逻辑代数的基本定律和公式如表 9-21 所示。

表 9-21　逻辑代数的基本定律和公式

基本定律	基本公式	
0-1 律	$A \cdot 0 = 0$	$A + 1 = 1$
自等律	$A \cdot 1 = 1$	$A + 0 = A$
重叠律	$A \cdot A = A$	$A + A = A$
互补律	$A \cdot \overline{A} = 0$	$A + \overline{A} = 1$
交换律	$A \cdot B = B \cdot A$	$A + B = B + A$
还原律	$\overline{\overline{A}} = A$	$A + B = B + A$
结合律	$A \cdot (B \cdot C) = (A \cdot B) \cdot C$	$A + (B + C) = (A + B) + C$
分配律	$A \cdot (B + C) = A \cdot B + A \cdot C$	$A + B \cdot C = (A + B)(A + C)$
吸收律	$(A + B)(A + \overline{B}) = A$	$A \cdot B + A \cdot \overline{B} = A$
反演律（摩根定律）	$\overline{A + B + C} = \overline{A} \cdot \overline{B} \cdot \overline{C}$	$\overline{A \cdot B \cdot C} = \overline{A} + \overline{B} + \overline{C}$

（2）逻辑代数的化简

利用表 9-21 所列的基本定律和基本公式，可以将逻辑代数表达式化简，从而使逻辑电路中的门电路个数减少，降低成本，提高电路工作的可靠性。

逻辑代数的化简意味着实现该功能的电路简化。一般讲就是求得某个逻辑函数的最简"与 - 或"表达式符合乘积项的项数最少，并且每个乘积项中包含的变量最少这两个条件。

逻辑代数的化简是分析和设计数字电路时不可缺少的步骤，常用的方法有公式化简法和卡诺图化简法，下面只介绍公式化简法。

1）并项法：利用 $A + \overline{A} = 1$ 的关系，将两项合并为一项，并消去一个变量。例如：

$$Y = ABC + \overline{A}BC = BC\left(A + \overline{A}\right) = BC \cdot 1 = BC$$

2）吸收法：利用 $A + AB = A$ 消去多余的项。例如：

$$Y = \overline{A}B + \overline{A}BCD = \overline{A}B$$

3）消去法：利用 $A + \overline{A}B = A + B$ 消去多余的因子。例如：

$$Y = AB + \overline{A}C + \overline{B}C$$
$$= AB + C\left(\overline{A} + \overline{B}\right)$$
$$= AB + \overline{AB}C$$
$$= AB + C$$

4）配项法：利用 $A + \overline{A} = 1$ 可在函数某一项中乘以 $\left(A + \overline{A}\right)$，使函数加上多余的项，

以便进一步化简。例如：

$$Y = ABC + \overline{A}C + BCD$$
$$= ABC + \overline{A}C + BCD(A + \overline{A}) \quad （配项法）$$
$$= ABC + \overline{A}C + ABCD + \overline{A}BCD \quad （分配法）$$
$$= ABC(1 + D) + \overline{A}C(1 + BD) \quad （吸收法）$$
$$= ABC + \overline{A}C$$
$$= C(\overline{A} + AB)$$
$$= C(\overline{A} + B) \quad （消去法）$$
$$= \overline{A}C + BC$$

（3）组合逻辑电路的分析方法

分析组合逻辑电路是学好数字电路的重要环节，组合逻辑电路的分析一般按以下步骤进行。

1）根据给定的逻辑原理图，由输入级逐级写出表达式。

2）将得到的逻辑代数进行化简，得到最简式。

3）列出最简逻辑代数式的真值表。

4）根据真值表确定电路的逻辑功能。

综上所述，逻辑电路的分析过程可用图 9-18 描述。

图 9-18　组合逻辑电路的分析步骤

例 9-1　分析图 9-19 所示电路的逻辑功能。

解：第一步，根据电路逐级写出逻辑表达式。

$$Y_1 = \overline{ABC}$$
$$Y_2 = AY_1 = A\overline{ABC}$$
$$Y_3 = BY_1 = B\overline{ABC}$$
$$Y_4 = CY_1 = C\overline{ABC}$$
$$Y = \overline{Y_2 + Y_3 + Y_4} = \overline{A\overline{ABC} + B\overline{ABC} + C\overline{ABC}}$$

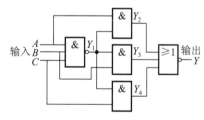

图 9-19　例 9-1 的逻辑电路图

第二步，化简逻辑表达式。

$$Y = \overline{A\overline{ABC} + B\overline{ABC} + C\overline{ABC}}$$
$$= \overline{(A + B + C)\overline{ABC}}$$
$$= \overline{A + B + C} + ABC$$
$$= \overline{ABC} + ABC$$

第三步，列出真值表，如表 9-22 所示。

表 9-22　例 9-1 的真值表

输　入			输　出	输　入			输　出
A	B	C	Y	A	B	C	Y
0	0	0	1	1	0	0	0
0	0	1	0	1	0	1	0
0	1	0	0	1	1	0	0
0	1	1	0	1	1	1	1

第四步，确定电路功能。由真值表可知：三个输入变量 A、B、C 同为 "1" 或同为 "0" 时，输出为 "1"，否则为 "0"，所以该电路的功能是判断输入信号是否相同，相同时输出为 "1"，不相同时输出为 "0"，也称一致判别电路。

（4）组合逻辑电路的设计

组合逻辑电路的设计是根据给定的功能要求，画出实现该功能的逻辑电路。其步骤如下。

1）根据实际问题的逻辑关系建立真值表。

2）由真值表写出逻辑代数表达式。

3）化简逻辑代数表达式。

4）根据最简逻辑代数式画出由逻辑门电路组成的逻辑电路图。

组合逻辑电路的设计步骤如图 9-20 所示。

图 9-20　组合逻辑电路的设计步骤

例 9-2　设计一个三人表决器，三人分别为 A、B、C，同意用 "1" 表示，不同意用 "0" 表示，只有两人以上同意才能通过。输出 Y=1 表示通过，Y=0 表示不通过。

解：第一步，由逻辑关系列出真值表，如表 9-23 所示。

表 9-23　三人表决器真值表

输　入			输　出	输　入			输　出
A	B	C	Y	A	B	C	Y
0	0	0	0	1	0	0	0
0	0	1	0	1	0	1	1
0	1	0	0	1	1	0	1
0	1	1	1	1	1	1	1

第二步，由真值表写出逻辑代数表达式。

$$Y = \overline{A}BC + A\overline{B}C + AB\overline{C} + ABC$$

第三步，化简逻辑代数表达式。

$$Y = \overline{A}BC + A\overline{B}C + AB\overline{C} + ABC$$
$$= BC(\overline{A} + A) + A\overline{B}C + AB\overline{C}$$
$$= BC + A\overline{B}C + AB\overline{C}$$
$$= B(C + A\overline{C}) + A\overline{B}C$$
$$= BC + AB + A\overline{B}C$$
$$= BC + A(B + \overline{B}C)$$
$$= BC + AB + AC$$

第四步，画出逻辑电路图，如图 9-21 所示。

2. 集成逻辑门电路 74LS10

三人表决器在实际的安装与测试中，为了方便和节约，往往将其最简与或式化为最简与非－与非表达式，具体如下：

$$Y = BC + AB + AC$$
$$= \overline{\overline{BC + AB + AC}}$$
$$= \overline{\overline{BC} \cdot \overline{AB} \cdot \overline{AC}}$$

三人表决器与非－与非逻辑电路图如图 9-22 所示。由图可知，实现该逻辑功能需用到三个二输入的与非门和一个三输入的与非门。常用三输入与非门 74LS10 的外形和引脚功能如表 9-24 所示。

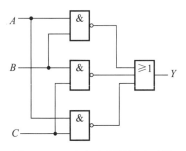

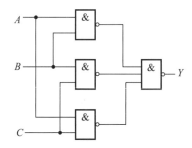

图 9-21　三人表决器逻辑电路图　　　图 9-22　三人表决器与非－与非逻辑电路图

表 9-24　常用三输入与非门 74LS10 的外形和引脚功能

外　形	引脚排列	主要参数
	V_{CC} C_1 Y_1 C_3 B_3 A_3 Y_3 14 13 12 11 10 9 8 74LS10 1 2 3 4 5 6 7 A_1 B_1 A_2 B_2 C_2 Y_2 GND	输入端：$A_1 \sim A_3$，$B_1 \sim B_3$、$C_1 \sim C_3$； 输出端：$Y_1 \sim Y_3$； 建议 V_{CC}：$4.75 \sim 5.25$V； 建议输入高电平电压 V_{IH}：大于 2V； 建议输入低电平电压 V_{IL}：小于 0.8V； 工作温度：小于 70℃

任务实施

1. 准备工具、仪表及器材

1）工具：电烙铁、尖嘴钳、斜口钳、剥线钳、镊子、螺钉旋具等常用电工工具。

2）仪表：万用表、可调直流稳压电源。

3）器材：完成本任务所需器材如表 9-25 所示。

表 9-25　所需器材

序　号	名　称	型　号	规　格	数　量
1	集成芯片	74LS00、74LS10		2
2	集成芯片底座		14 脚双列直插式	2
3	万能板		5cm×7cm（或自定）	1
4	导线			若干

2. 检测元器件

根据给出的逻辑门电路的接线图（图 9-23），正确选择所需集成芯片进行检测，并在表 9-26 中填写相关内容。

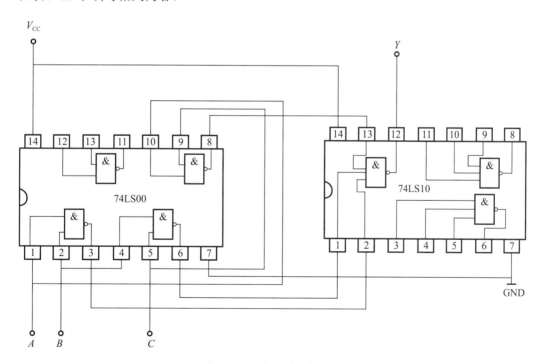

图 9-23　三人表决器接线图

表 9-26 元器件准备清单表

序　号	集成门电路	元器件名称	型号规格	检测结果	备　注
1	与非门				
2	与非门				

3. 装接电路

（1）电路装接步骤

具体步骤同任务 9.1 中的"电路装接步骤"，这里不再赘述。

（2）电路装接工艺要求

具体要求同任务 9.1 中的"电路装接工艺要求"，这里不再赘述。

（3）电路装接安全要求

具体要求同任务 6.1 中的"装接安全要求"，这里不再赘述。

4. 调试电路及测量参数

（1）正确接入直流电源 +5V 和接地线

在通电前，先用万用表欧姆挡检查电路电源、输入回路和输出回路是否短路，再测量直流电源输出是否为 +5V，连接好电路后再通电，切忌带电连接电路。

（2）正确接入输入、输出信号

根据三人表决器 A、B、C 的输入情况，在 A、B、C 端分别接入正确的高电平（+5V）和低电平（0V），用万用表测量输出端的值，并将测量值记录在表 9-27 中。

表 9-27 三人表决电路输出电压记录表

输　入			输　出	输　入			输　出
A	B	C	Y	A	B	C	Y
0V	0V	0V		5V	0V	0V	
0V	0V	5V		5V	0V	5V	
0V	5V	0V		5V	5V	0V	
0V	5V	5V		5V	5V	5V	

（3）验证各逻辑门电路的真值表

根据 TTL 数字电路电源一般为 5V，高电平介于 2.7～5V，低电平介于 0～1.3V 的原则，高电平用"1"表示，低电平用"0"表示，验证三人表决电路的真值表，并将数据填入表 9-28 中。

表 9-28 三人表决电路真值表验证表

输　入			输　出	输　入			输　出
A	B	C	Y	A	B	C	Y
0	0	0		1	0	0	

续表

输　入			输　出	输　入			输　出
A	*B*	*C*	*Y*	*A*	*B*	*C*	*Y*
0	0	1		1	0	1	
0	1	0		1	1	0	
0	1	1		1	1	1	

任务评价

三人表决电路的装接与调试评分记录表如表9-29所示。

表 9-29　三人表决电路的装接与调试评分记录表

序　号	任　务	评价项目	评价标准	配　分	得　分	备　注
1	准备和使用工具、仪表及器材	工具、仪表及器材准备齐全，使用规范	工具、仪表及器材准备不齐全，每件扣1分；工具、仪表及器材使用不规范，每次扣1分	5		
2	检测元器件	元器件识别与检测	正确识别和使用万用表检测元器件，数据记录不正确，每项扣1分	5		
3	装接电路	装接工艺	元器件、导线装接及元器件上字符标示方向均符合工艺要求，每错一处扣1分；万能板上插件位置正确，接插件、紧固件装接可靠牢固，每错一处扣1分；万能板和元器件无烫伤和划伤处，整机清洁无污物，每错一处扣1分	10		
		焊接工艺	焊点大小适中，无漏、假、虚、连焊，焊点光滑、圆润、干净，无毛刺，引脚高度基本一致，每错一处扣1分；导线长度、剥头长度符合工艺要求，芯线完好，捻头镀锡，每错一处扣1分	10		
4	调试电路及测量参数	通电前检测	通电前用万用表检查电路，若有错误，扣5分；电源接入正确，否则扣5分	10		
		电路功能正确	按图装接正确，电路功能完整，每返修一次扣10分	30		
		参数正确	输出电压测量正确、真值表填写正确，每错一处扣1分	20		
5	安全文明生产（7S）	整理	工具、器具摆放整齐	1		
		整顿	工具、器具和各种材料摆放有序、科学合理	1		
		清扫	实训结束后，及时打扫实训场地卫生	2		
		清洁	保持工作场地清洁	2		
		素养	遵守纪律，文明实训	2		
		节约	节约材料，不浪费	2		
		安全	人身安全，设备安全	否定项		
总　分				100		
开始时间		结束时间		实际用时		

🌐 **任务拓展**

运用所学知识恰当选择电路所需的 TTL 集成逻辑门电路，完成图 9-24 所示的安装与测试，完成真值表（表 9-30），并说明该电路的逻辑功能。

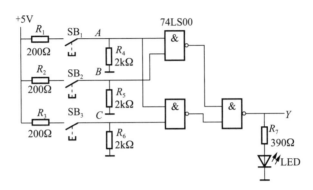

图 9-24　任务拓展——组合逻辑电路原理图

表 9-30　任务拓展——组合逻辑电路真值表

输　入			输　出	输　入			输　出
A	B	C	Y	A	B	C	Y
0	0	0		1	0	0	
0	0	1		1	0	1	
0	1	0		1	1	0	
0	1	1		1	1	1	

✒️ **思考与练习**

1. 逻辑门电路有三个输入端 A、B、C，一个输出端 Y，用真值表表示与门、或门的逻辑功能，并画出逻辑图形。

2. 使用 TTL 集成逻辑门电路时应注意什么问题？

3. 化简下列各逻辑函数。

（1）$Y = A + (AB + \overline{A}C + D)$；

（2）$Y = A + \left[AB + \overline{A}C + (A+D)(A+\overline{E}) \right]$；

（3）$Y = \overline{A} + AB + \overline{B}E$；

（4）$Y = A\overline{B} + A\overline{B}CD(E+F)$；

（5）$Y = ABC + \overline{A}BC + \overline{BC}$；

（6）$Y = A\overline{B} + B\overline{C} + \overline{B}C + \overline{A}B$。

4．如图 9-25 所示，写出该逻辑电路图的输出表达式，并根据输入信号列出真值表。

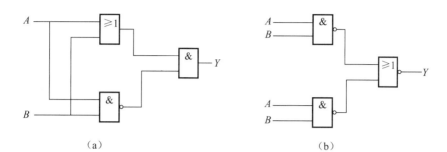

（a）　　　　　　　　　　　　　　　（b）

图 9-25　逻辑电路图

5．分析图 9-26 所示组合逻辑电路的逻辑功能。

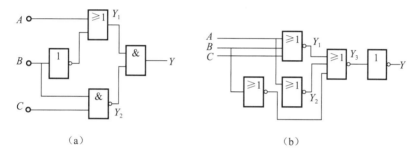

（a）　　　　　　　　　　　　　　　（b）

图 9-26　组合逻辑电路

6．画出符合 $Y = \overline{\overline{AC} + B\overline{C}}$ 的逻辑电路图。

7．应用与非门集成电路 74LS00（图 9-27）实现 $Y = \overline{\overline{\overline{ABCD}}}$，使用 5V 的稳压电源，试画出集成电路引脚接线图。

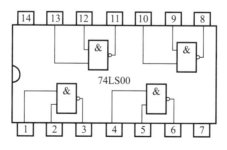

图 9-27　非门集成电路 74LS00

项目 **10**

常用电动机的安装与调试

项目概述

电动机是一种将电能转化为机械能的动力设备，在机电设备中应用十分广泛。电动机按所需电源的不同分为交流电动机和直流电动机，交流电动机又分为三相电动机、单相电动机和特种电动机。

本项目分为两个任务，主要学习机电设备中常用的三相交流异步电动机和伺服电动机的结构、工作原理，以及电动机的安装、调试及试运行方法，了解三相交流异步电动机常见故障的分析和处理方法。

任务 10.1　安装与调试三相交流异步电动机

任务目标

知识目标

● 了解三相交流异步电动机的结构。

● 掌握三相交流异步电动机的工作原理。

技能目标

● 会识读三相交流异步电动机的铭牌数据。

● 会用仪表对三相交流异步电动机进行检测。

● 能按要求将三相交流异步电动机定子绕组接成星形或三角形。

● 能对三相交流异步电动机进行安装、调试及试运行。

任务描述

本任务学习三相交流异步电动机的结构、工作原理和铭牌数据，并对三相交流异步电动机进行检测、安装和调试。

安装与调试三相交流异步电动机	任务准备	三相交流异步电动机的结构
		三相交流异步电动机的铭牌数据
		三相交流异步电动机的工作原理
	任务实施	准备工具、仪表及器材
		认识电动机的结构与铭牌
		检查与检测电动机
		安装电动机
		试运行电动机

任务准备

1. 三相交流异步电动机的结构

三相交流异步电动机主要由定子和转子两部分组成，其外形如图 10-1 所示。三相交流异步电动机的静止部分称为定子，旋转部分称为转子，其结构如图 10-2 所示。

图 10-1　三相交流异步电动机的外形

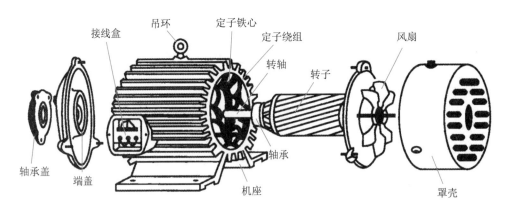

图 10-2　三相交流异步电动机的结构

（1）定子

定子是用来产生旋转磁场的。定子一般由机座、定子铁心和定子绕组三部分组成。

1）机座。机座主要用于支承定子铁心和固定端盖，其外表还具有散热作用。中小型三相交流异步电动机一般采用铸铁机座，大型三相交流异步电动的机座采用钢板焊接而成。为了搬运方便，常在机座上装有吊环。

2）定子铁心。图 10-3（a）所示为定子铁心，它是三相交流异步电动机磁路的一部分，一般用厚度为 0.35 ～ 0.5mm 的硅钢片叠压而成。图 10-3（b）所示为定子硅钢片，其表面涂有绝缘漆或氧化膜，使硅钢片间相互绝缘，可以减少由于交变磁通而引起的涡流损耗。其内圆上冲有均匀分布的槽口，用于嵌放定子绕组。

（a）定子铁心　　（b）硅钢片

图 10-3　定子铁心与硅钢片

3）定子绕组。定子绕组是定子的电路部分，一般采用高强度漆包铜线或铝线绕制而成。三相定子绕组对称分布在定子铁心槽中，每相线圈有两个引出头，三相共有六个引出头，首端分别用 U_1、V_1、W_1 表示，尾端分别用 U_2、V_2、W_2 表示，通常将它们置于接线盒内。

（2）转子

转子是电动机的转动部分。它的作用是带动其他机械设备旋转做功。转子由转子铁心、转子绕组和转轴三部分组成。

转子铁心是电动机磁路的一部分，常用厚为 0.5mm 的硅钢片叠装成圆柱体，并紧固在转轴上。转子铁心外圆上冲有均匀分布的槽，以便嵌放转子绕组，如图 10-4（a）所示。

机电设备中常用三相交流异步电动机的转子绕组为笼形结构，它是在转子铁心槽内放置没有绝缘的裸铜条或铝条，其两端用端环连接，由于形状与鼠笼相似，故称为笼形转子，如图 10-4（b）所示。中、小型异步电动机一般采用在转子槽中浇铸熔化了的铝铸成笼形，同时在端环上铸出叶片作为冷却用的风扇，如图 10-4（c）所示。为了改善电动机的起动[①]性能，笼形转子还采用斜槽结构，即转子的槽不与轴线平行而是扭转一定角度。

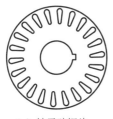
（a）转子硅钢片

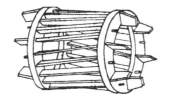
（b）笼形转子绕组

（c）铸铝转子

图 10-4 笼形转子

（3）其他附件

其他附件包括端盖、轴承、轴承盖和接线盒等。

2. 三相交流异步电动机的铭牌数据

每台电动机的机座上都有一块铭牌，如图 10-5 所示为某电机厂生产的电磁制动三相异步电动机铭牌。铭牌上除了标有制造厂名、产品编号、出厂年月、质量外，还标出了电动机的型号规格、额定数据及一些主要技术数据。

电磁制动三相异步电动机 Electromagnetic Braking Three-phase Asynchronous Motor			
型号 Model	YZE132M-4	标准号 Standard	Q/320681KFK-2009
额定功率 Rated Power	11KW	额定电压 Rated Voltage	380V	额定频率 Rated Frequency	50Hz
接线方法 Wiring Method	Y	防护等级 Protection Rank	IP54	绝缘等级 Insulation Class	F
工作制 Working System	S_3 25%	额定电流 Rated Current	25A	额定转速 Rated Speed	1380r/min
质量 Quality	90Kg	出厂编号 Serial Number		出厂日期 Manufacture Date	20 年 月

图 10-5 电磁制动三相异步电动机铭牌

典型三相交流异步电动机铭牌参数说明如下。

（1）型号

Y 系列三相交流异步电动机是我国统一设计的新系列产品，其型号主要由产品代号、规格代号和特殊环境代号三部分组成。例如，Y180M2-4，表示中心高度为 180mm、中号机座、2 号铁心长、4 极的异步电动机。

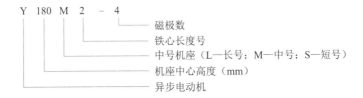

[①] 本书依据 GB/T 2900.25—2008，用"起动"表示电机、设备（有形）的开动或开始运转。

（2）额定功率

额定功率表示电动机在额定工作状态下运行时，转轴上所能输出的机械功率，单位为 W 或 kW。

（3）额定电压

额定电压是指电动机在额定工作状态下运行时，定子绕组规定使用的线电压，单位为 V 或 kV。

（4）额定电流

额定电流是指电动机在额定工作状态下运行时，电源输入电动机绕组的线电流，单位为 A。

（5）频率

频率是指输入电动机的交流电频率，单位是 Hz。国际上有 50Hz 和 60Hz 两种标准的频率，我国采用频率为 50Hz 的交流电。

（6）额定转速

额定转速是指电动机在额定状态下运行时的转速，以每分钟的转数表示，单位为 r/min。

（7）联结方法

联结方法指电动机定子绕组的联结方式，一般有星形和三角形两种。

若电动机铭牌标注"电压 380V，接法△"，表示电动机的额定电压为 380V，三相定子绕组应接成三角形。若铭牌标注电压为 380/220V，接法为 Y/△，则表示当电源线电压为 380V 时，三相定子绕组应接成星形；当电源线电压为 220V 时，三相绕组应接成三角形。

三相交流异步电动机接线盒外形及星形和三角形联结如图 10-6 所示。

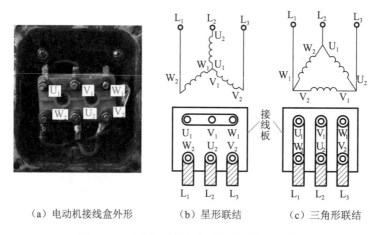

（a）电动机接线盒外形　　（b）星形联结　　（c）三角形联结

图 10-6　三相交流异步电动机定子绕组接线

（8）工作制

电动机工作制是对电动机在运行时承受负载情况的说明，包括起动、电制动、负载、空载、停转及这些阶段的持续时间和先后顺序等。工作制分为 $S_1 \sim S_{10}$ 共十类，常见的有 $S_1 \sim S_3$ 三类。

1）S_1（连续工作制）。这类电动机可按其铭牌规定的数据长期连续运行而不会超过容许的温升限度。

2）S_2（短时工作制）。这类电动机只有在规定的时间内短期运行（由冷却开始运行），才能保证不超过温度限度。我国规定的短时运行时间有 15min、30min、60min 及 90min 共四种。

3）S_3（断续工作制）。这类电动机运行一段时间后需停止一段时间，周而复始地按一定周期重复运行。负载运行时间与整个周期之比称为负载持续率（或暂载率）。我国规定的负载持续率分为 15%、25%、40% 及 60% 共四种，每个周期为 10min。如果标明负载持续率为 15%，则该电动机在一个周期内工作 10×15%=1.5（min），其余 85% 时间（即 8.5min）为休息时间。

工作制类型除用 $S_1 \sim S_{10}$ 相应的代号作为标志外，还应符合下列规定：对于 S_2 工作制，应在代号 S_2 后加工作时限，如 S_2-60min；对于 S_3 和 S_6 工作制，应在代号后加负载持续率，如 S_3-25%、S_6-40%。

（9）防护等级

1）电动机防护等级用 IP×× 表示。

2）IP×× 后第一个数字表示防尘，数字可以为 0、1、2、3、4、5，数字越大，防尘等级越高；第二个数字表示防水，数字为 0、1、2、3、4、5、6、7、8，数字越大，防水等级越高。例如：

3. 三相交流异步电动机的工作原理

当电动机的三相定子绕组中通入三相交流电时，在电动机内部将产生一个旋转磁场，该旋转磁场切割转子绕组，在转子回路中产生感应电动势和感应电流，转子导体中的电流又在旋转磁场的作用下受力产生转动力矩，使电动机转子跟随定子绕组产生的旋转磁场方向旋转。

若任意对调三相交流异步电动机的两根电源进线，则可改变电动机定子绕组产生的旋转磁场方向，即改变了电动机的旋转方向。

任务实施

1. 准备工具、仪表及器材

1）工具：验电笔、螺钉旋具、尖嘴钳、斜口钳、剥线钳等常用电工工具，扳手、手锤、尼龙线、钢直尺等。

2）仪表：兆欧表、万用表、钳形电流表等。

3）器材：完成本任务所需器材如表 10-1 所示。

表 10-1　完成本任务所需器材

序 号	名 称	型 号	规 格	数 量
1	三相交流电源		380V	1
2	电动机起动设备	自定		1
3	三相交流异步电动机	Y-112M-4（或自定）	额定功率 4kW、额定电压 380V、额定电流 8.8A，△联结，转速 1440r/min	1
4	V 带轮		与电动机和工作机械配套	1
5	电动机安装基础座		与电动机配套	1

2. 认识电动机的结构与铭牌

了解电动机的结构，查看电动机的铭牌，将电动机型号、额定功率等参数填入表 10-2 中。

表 10-2　三相交流异步电动机铭牌数据记录

电动机铭牌	型 号		额定功率 /kW	
	额定电压 /V		额定电流 /A	
	接 法		工作方式	

3. 检查与检测电动机

新安装的三相交流异步电动机安装前做一些必要的检查，这是避免电动机运行中发生故障的重要措施之一。

1）消除电动机外部和内部的灰尘及杂物。

2）检查：检查电动机是否能够正常使用。具体操作与任务 5.2 中的"检查与检测电动机"相同，这里不再赘述。

3）检测：检测电动机定子绕组的绝缘电阻是否符合要求。具体操作与任务 5.2 中的"检查与检测电动机"相同，这里不再赘述。

4）将检测结果填入表 10-3 中。

表 10-3　三相交流异步电动机检测结果记录表

机械检查	用手转动电动机转子，电动机转子转动是否灵活（　　）			
绝缘电阻测量	兆欧表型号		兆欧表电压等级	
	绕组之间 /MΩ	U—V：	U—W：	W—V：
	绕组对地 /MΩ	U—地：	V—地：	W—地：
	检测结论	电动机绝缘电阻是否符合要求（　　）		

4．安装电动机

（1）安装基础的准备

1）拆除机床电动机安装位置的防护罩。

2）清理电动机安装基础上的杂物等，并准备好地脚螺栓。

（2）安装电动机就位

小型电动机可用人力将其抬到基础之上；比较重的电动机要使用起重机或滑轮吊到基础之上，要注意小心轻放。电动机就位后，穿好地脚螺栓，用螺母稍加紧固，勿拧得太紧，以便进行调整。

（3）安装带轮传动装置

1）安装方法：两个带轮直径大小须按生产机械的要求配置，即传动比要满足要求。

装配现场通常采用手锤敲打的方法。先在电动机键槽中放入连接键，再将带轮与电动机的键槽对准，用手锤轻击即可进入。如果装配间隙较小，带轮进入较困难，可在带轮轮毂的端面垫放木板或其他软性材料作为缓冲件，依靠手锤的冲击力，将带轮敲入。用同样的方法，把另一个带轮安装到机械端的轴上。

2）校正方法：带轮安装后要进行校正。

带轮安装后，两个带轮的宽度中心线必须在一条直线上，两轴必须平行。否则，会造成 V 带单边工作，磨损严重，降低 V 带使用寿命。

可用一根钢丝（或尼龙线）拉紧，并先后紧靠两个带轮的侧面，适当调整电动机，并仔细观察钢丝与带轮 A、B、C、D 点的接触情况。若四点同时接触，则表示已将带轮校正好，如图 10-7 所示。

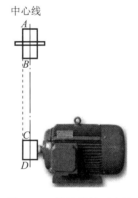

图 10-7　带轮的校正方法

（4）安装 V 带

安装前，如果两轴中心距结构是可调整的结构，应先将中心距缩短，V 带装好后再按要求调整好中心距；如果两轴中心距结构是不可调整的结构，应先将一根 V 带套入轮槽中，然后转动另一个带轮，将 V 带装上。可用同样方法将一组 V 带装上。安装时禁止用工具硬撬、硬拽 V 带，以防 V 带出现过松、过紧现象。

（5）检查带轮传动装置

V 带安装后，应松紧适宜，使之符合要求。V 带过松不仅容易打滑，还会使 V 带磨损严重，甚至不能传送动力；V 带过紧，会使 V 带拉长变形，容易损坏，同时也会加速 V 带磨损。

正确的检查方法是用手在每条 V 带中部施加 19.6N 左右的垂直压力，以下沉量为 20 ～ 30mm 为宜，不合适时要及时进行调整。双根或三根以上 V 带需要更换时，要选用规定型号的 V 带，并要求每组 V 带紧度一致，不准新旧混装或减少根数使用。否则，新旧 V 带受力不均，甚至旧 V 带不起作用，影响动力传送和缩短 V 带的寿命。

5. 试运行电动机

（1）三相交流异步电动机起动前的检查

1）再次检查机床电源与电动机铭牌所示的电压、频率等数据是否相符，绕组接法是否正确。

2）检查机床起动设备的接线是否正确，接触是否良好，电动机所配熔丝的型号是否合适，机床起动设备和电动机外壳接地是否良好，操作机构是否灵活。

3）检查机床设备是否良好，用手盘动机床的转动部分，观察其转动是否灵活，是否有摩擦的现象。

4）确认电动机的起动方法是否合适。

（2）三相交流异步电动机起动时的检查

1）电源接通后，如果发现电动机不转、起动缓慢或有不正常的响声等情况，应立即停机检查。若不及时断电，电动机可能在短时间内烧毁。断电后，检查电动机不转的原因，予以消除后重新投入运行。

2）对电动机不能逆转的设备，起动后如果发现旋转方向与标志的方向相反，应立即停机。只要将三相电源线中的任意两根对换一下，即能纠正旋转方向。

3）起动后应注意观察电动机和机床的工作情况，如果发现异常情况，应立即停机检查。

4）三相交流异步电动机采用全压起动时，连续起动的次数不宜过多。电动机冷态时，连续起动次数不宜超过四次，两次起动时间间隔一般不小于 5min；热态时，连续起动次数不宜超过两次，间隔时间要长一些。

（3）三相交流异步电动机运行中的检查

电动机在运行时，要通过听、看、闻、摸等手段随时观察电动机。

1）听：电动机在运行时发出的声音是否正常。电动机正常运行时，发出的声音是平稳、轻快、均匀的。如果出现尖叫、沉闷、摩擦、撞击、振动等声音，则应当立即停机检查。

2）看：观察电动机的传动情况，传动装置传动应流畅。对绕组式电动机要经常注意电刷和集电环之间的火花是否过大，如果出现较密的舌状火花，应停机检查。

3）闻：电动机运行时发出焦臭味，说明电动机温度过高，应停机检查原因。

4）摸：电动机停机以后，可触摸电动机外壳，如果烫手，则说明电动机过热。

注意：在发生以下严重故障时，应立即停机处理。

1）人身触电事故。

2）电动机冒烟。

3）电动机剧烈振动。

4）电动机轴承剧烈发热。

5）电动机转速突然下降，温度迅速升高。

任务评价

三相交流异步电动机的安装与调试评分记录表如表 10-4 所示。

表 10-4 三相交流异步电动机的安装与调试评分记录表

序 号	任 务	评价项目		评价标准	配 分	得 分	备 注
1	准备和使用工具、仪表及器材	工具、仪表及器材准备齐全，使用规范		工具、仪表及器材准备不齐全，每少 1 件扣 1 分；工具、仪表及器材使用不规范，每件扣 1 分	5		
2	认识电动机的结构与铭牌	电动机铭牌数据记录		数据记录不正确，每项扣 1 分	5		
3	检查与检测电动机	检查电动机转子转动是否灵活		检测方法不正确或检测结论不正确，扣 5 分	5		
		用兆欧表检测电动机绝缘电阻	检测前对兆欧表校表	测量前没有校表，扣 2 分	2		
			绕组之间	测量方法不正确或检测结论不正确，扣 4 分	4		
			绕组对地	测量方法不正确或检测结论不正确，扣 4 分	4		
4	安装电动机	安装电动机		电动机安装方法不正确，扣 5～10 分	10		
		安装带轮		带轮安装方法不正确，扣 5～10 分	10		
		校正带轮的位置		校正带轮方法不正确，或带轮安装位置不正确，扣 5～10 分	10		
		安装 V 带应松紧适当（手按 V 带中部，施加 19.6N 左右垂直力，下沉量 20～30mm）		V 带安装方法不正确，或 V 带松紧不适当，扣 5～10 分	10		
		地脚螺栓紧固		地脚螺栓没有紧固，扣 5 分	5		
5	试运行电动机	电动机起动前的检查		没有再次检查电动机铭牌电压、接法与实际要求是否相符，扣 3 分；没有检查起动设备与电动机之间接线是否正确，扣 3 分；没有检查机床设备是否良好，扣 4 分	10		
		电动机起动正常		电动机起动不正常，或电动机试运行不正常，扣 10 分	10		
6	安全文明生产（7S）	整理		工具、器具摆放整齐	1		
		整顿		工具、器具和各种材料摆放有序、科学合理	1		
		清扫		实训结束后，及时打扫实训场地卫生	2		
		清洁		保持工作场地清洁	2		
		素养		遵守纪律，文明实训	2		
		节约		节约材料，不浪费	2		
		安全		人身安全，设备安全	否定项		
总 分					100		
开始时间			结束时间			实际用时	

🌐 **任务拓展**

三相交流异步电动机的故障一般分为电气故障和机械故障两种。电气故障除了电源、电路及起动控制设备的故障外，其余均属电动机本身的电气故障。机械故障包括被电动机拖动的机械设备和传动装置的故障，基础和安装问题及电动机本身的机械结构故障。这里介绍电动机自身的电气与机械故障。

三相交流异步电动机长期运行可能会发生各种故障。及时判断故障原因，进行相应处理，是防止故障扩大、保证设备正常运行的重要工作。表 10-5 列出了三相交流异步电动机的主要故障现象、故障原因和处理方法，供分析处理故障时参考。

表 10-5　三相交流异步电动机常见故障现象、原因和处理方法

故障现象	故障原因	处理方法
通电后电动机不能转动，但无异响，也无异味和冒烟现象	1) 电源未通（至少两相未通）； 2) 熔丝熔断（至少两相熔断）； 3) 过流继电器调得过小； 4) 控制设备接线错误	1) 检查电源回路开关、熔丝、接线盒处是否有断点，予以修复； 2) 检查熔丝型号、熔断原因，更换新熔丝； 3) 调节继电器整定值与电动机配合； 4) 改正接线
通电后电动机不转，熔丝烧断	1) 缺一相电源，或定子绕组一相反接； 2) 定子绕组相间短路； 3) 定子绕组接地； 4) 定子绕组接线错误； 5) 熔丝截面过小； 6) 电源线短路或接地	1) 检查刀开关是否有一相未合好，或电源回路有一相断线，消除反接故障； 2) 查出短路点，予以修复； 3) 消除接地； 4) 查出误接，予以更正； 5) 更换熔丝； 6) 消除接地点
通电后电动机不转，有嗡嗡声	1) 定子、转子绕组有断路（一相断线）或电源一相失电； 2) 绕组引出线始末端接错或绕组内部接反； 3) 电源回路接点松动，接触电阻大； 4) 电动机负载过大或转子卡住； 5) 电源电压过低； 6) 小型电动机装配太紧或轴承内油脂过硬； 7) 轴承卡	1) 查明断点，予以修复； 2) 检查绕组极性；判断绕组首末端是否正确； 3) 紧固松动的接线螺钉，用万用表判断各接头是否假接，予以修复； 4) 减载或查出并消除机械故障； 5) 测量电源电压，设法改善； 6) 重新装配使之灵活，更换合格的油脂； 7) 修复轴承
电动机起动困难，带额定负载时，电动机转速低于额定转速较多	1) 电源电压过低； 2) 三角形联结误接为星形联结； 3) 笼形转子开焊或断裂； 4) 定子、转子局部线圈错接、接反； 5) 修复电动机绕组时增加匝数过多； 6) 电动机过载	1) 测量电源电压，设法改善； 2) 纠正接法； 3) 检查开焊或断点并修复； 4) 查出误接处，予以改正； 5) 恢复正确匝数； 6) 减载
电动机空载电流不平衡，相差大	1) 重绕时，定子三相绕组匝数不相等； 2) 绕组首尾端接错； 3) 电源电压不平衡； 4) 绕组存在匝间短路、绕组反接等故障	1) 重新绕制定子绕组； 2) 检查并纠正； 3) 测量电源电压，设法消除不平衡； 4) 消除绕组故障

续表

故障现象	故障原因	处理方法
电动机空载、带负载时，电流表指针不稳，摆动	1）笼形转子导条开焊或断条； 2）绕线转子故障（一相断路）或电刷、集电环短路装置接触不良	1）查出断条予以修复或更换转子； 2）检查绕线转子回路并加以修复
电动机空载电流平衡，但数值大	1）修复时，定子绕组匝数减少过多； 2）电源电压过高； 3）星形联结误接为三角形联结； 4）电动机装配中，转子装反，使定子铁心未对齐，有效长度减短； 5）气隙过大或不均匀； 6）大修拆除旧绕组时，使用热拆法不当，使铁心受损	1）重绕定子绕组，恢复正确匝数； 2）检查电源，设法恢复额定电压； 3）改接为星形联结； 4）重新装配； 5）更换新转子或调整气隙； 6）检修铁心或重新计算绕组，适当增加匝数
电动机运行时响声不正常	1）转子与定子绝缘层或槽楔相互摩擦； 2）轴承磨损或油内有砂粒等异物； 3）定子、转子铁心松动； 4）轴承缺油； 5）风道填塞或风扇擦风罩； 6）定子、转子铁心相互摩擦； 7）电源电压过高或不平衡； 8）定子绕组错接或短路	1）修剪绝缘，削低槽楔； 2）更换轴承或清洗轴承； 3）检修定子、转子铁心； 4）加油； 5）清理风道，重新安装风罩； 6）削除擦痕，必要时车小转子； 7）检查并调整电源电压； 8）消除定子绕组故障
运行中电动机振动较大	1）由于磨损，轴承间隙加大； 2）气隙不均匀； 3）转子不平衡； 4）转轴弯曲； 5）铁心变形或松动； 6）联轴器（带轮）中心未校正； 7）风扇不平衡； 8）机壳或基础强度不够； 9）电动机地脚螺栓松动； 10）笼形转子开焊、断路，绕线转子断路； 11）定子绕组故障	1）检修轴承，必要时更换； 2）调整气隙，使之均匀； 3）校正转子动平衡； 4）校直转轴； 5）校正重叠铁心； 6）重新校正，使之符合规定； 7）检修风扇，校正平衡，纠正其几何体开关； 8）进行加固； 9）紧固地脚螺栓； 10）修复转子绕组； 11）修复定子绕组
轴承过热	1）润滑油脂过多或过少； 2）油质不好，含有杂质； 3）轴承与轴颈或端盖配合不当； 4）轴承盖内孔偏心，与轴相互摩擦； 5）电动机端盖或轴承盖未装平； 6）电动机与负载间联轴器未校正，或带过紧； 7）轴承间隙过大或过小； 8）电动机轴弯曲	1）按规定加润滑脂； 2）更换清洁的润滑脂； 3）过松可用黏结剂修复，过紧应车、磨轴颈或端盖内孔，使之适合； 4）修理轴承盖，消除摩擦点； 5）重新装配； 6）重新校正，调整带张力； 7）更换新轴承； 8）校正电动机轴或更换转子

续表

故障现象	故障原因	处理方法
电动机过热，甚至冒烟	1）电源电压过高使铁心发热大大增加； 2）电源电压过低，电动机带额定负载运行，电流过大使绕组发热； 3）修理拆除绕组时，采用热拆法不当，烧坏铁心； 4）定子、转子铁心相互摩擦； 5）电动机过载或频繁起动； 6）笼形转子断条； 7）电动机断相，两相运行； 8）重绕后定子绕组浸漆不充分； 9）环境温度高，电动机表面污垢多，或通风道堵塞； 10）电动机风扇故障，通风不良； 11）定子绕组故障（相间、匝间短路；定子绕组内部连接错误）	1）降低电源电压，若是接法错误引起的，则应改正接法； 2）提高电源电压或换粗的供电导线； 3）检修铁心，排除故障； 4）消除摩擦点（调整气隙或锉、车转子）； 5）减载，按规定次数控制起动； 6）检查并消除转子绕组故障； 7）恢复三相运行； 8）采用两次浸漆及真空浸漆工艺； 9）清洗电动机，改善环境温度，采用降温措施； 10）检查并修复风扇，必要时更换； 11）检修定子绕组，消除故障

任务 10.2　安装与调试交流伺服电动机

任务目标

知识目标

- 了解交流伺服电动机的结构。
- 掌握交流伺服电动机的工作原理。

技能目标

- 会识读交流伺服电动机的铭牌数据。
- 会用仪表对交流伺服电动机进行检测。
- 能对交流伺服电动机进行安装、调试及试运行。

任务描述

本任务学习交流伺服电动机的结构、工作原理和铭牌数据，并对交流伺服电动机进行检测、安装和调试。

安装与调试交流伺服电动机	任务准备	交流伺服电动机的结构
		交流伺服电动机的铭牌数据
		交流伺服电动机的工作原理

		准备工具、仪表及器材
安装与调试交流 伺服电动机	任务实施	认识伺服电动机的结构与铭牌
		检查与检测伺服电动机
		安装伺服电动机
		试运行伺服电动机

任务准备

1. 交流伺服电动机的结构

交流伺服电动机主要由定子、转子和编码器三部分组成。交流伺服电动机的外形如图 10-8 所示，其结构如图 10-9 所示。

图 10-8 交流伺服电动机的外形

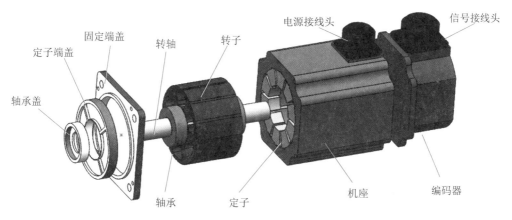

图 10-9 交流伺服电动机的结构

（1）定子

交流伺服电动机的定子是用来产生旋转磁场的。定子一般由机座、定子铁心和定子绕组三部分组成。

1）机座。交流伺服电动机的机座一般为长方体结构，其主要作用是在内部固定定子铁心，前端面固定端盖，后端面固定编码器。

2）定子铁心。交流伺服电动机定子铁心有两种形式：槽拼接式和整体式。槽拼接式由多个单独的定子模块拼接而成，整体式由硅钢片压制而成，如图 10-10 所示。

（a）槽拼接式定子

（b）整体式定子

图 10-10 交流伺服电动机定子

3）定子绕组。交流伺服电动机定子绕组由励磁绕组和控制绕组两部分组成，励磁绕组始终接在交流电压 U_f 上，控制绕组始终接在控制信号电压 U_c 上，它们之间在定子铁心内部的固定位置相差 90°，采用高强度漆包铜线绕制而成。交流伺服电动机定子绕组的原理如图 10-11 所示。

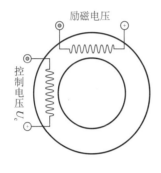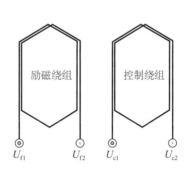

图 10-11 交流伺服电动机定子绕组的原理

（2）转子

目前应用较多的交流伺服电动机的转子结构有两种形式：一种是采用高电阻率的导电材料做成的笼形转子，为了减小转子的转动惯量，转子做得细长，如图 10-12（a）所示；另一种是采用铝合金制成的空心杯形转子，杯壁很薄，仅 0.2 ～ 0.3mm，为了减小磁路的磁阻，要在空心杯形转子内放置固定的内定子，空心杯形转子的转动惯量很小，反应迅速，而且运转平稳，如图 10-12（b）所示。为了使交流伺服电动机具有较宽的调速范围、线性的力学特性，无自转现象，可进行快速响应，与普通电动机相比，交流伺服电动机的转子应具有电阻大和转动惯量小的特点，并且转子一般为永磁体。

（3）编码器

交流伺服电动机编码器一般安装在电动机后座，是用来测量磁极位置和伺服电动机转角及转速的一种传感器。按照工作原理，编码器可分为增量式和绝对式。增量式编码器转动时输出脉冲，通过计数设备来知道其位置，当编码器不动或停电时，依靠计数设备的内部记忆来记住位置。绝对式编码器由机械位置决定每个位置的唯一性，它无须记忆，无须找参考点，而且不用一直计数，什么时候需要知道位置，什么时候就读取它的位置。

（4）其他附件

其他附件包括端盖、电源接线头、信号接线头、轴承等。

2. 交流伺服电动机的铭牌数据

交流伺服电动机机座上贴有一块铭牌，铭牌上除了标有制造厂名、产品编号、出厂年月外，还标出了交流伺服电动机的型号规格、额定数据及一些主要技术数据。由于交流伺服电动机生产厂家众多，国外主要有发那科、西门子、三菱、安川等，国内主要有台达、东元、和利时、埃斯顿等，每个厂家生产的交流伺服电动机铭牌数据的编写格式各不一样。在数控机床系统中，交流伺服电动机主要以发那科和西门子生产的电动机为主。以发那科交流伺服电动机铭牌为例（图 10-13），对铭牌上出现的符号及主要数据进行说明，并对相关数据在图 10-14 进行介绍。

（a）笼形转子　　　　　（b）空心杯形转子

图 10-12　交流伺服电动机转子

图 10-13　发那科交流伺服电动机铭牌

OUTPUT（电动机输出功率）：0.4kW	IEC 60034-1/1999
VOLT（电动机工作电压）：115V	SPEED（转速）：4000r/min
AMP（～）（电动机工作电流）：1.8A	FREQ（频率）：267Hz
AMP.INPUT（～）（伺服放大器工作输入）：200～230V，50/60Hz	IP（防护等级）：65
POWER FACTOR（功率因数）：98%	WIND.CON.（接线方式）：Y
INS.CLASS（绝缘等级）：F	3 PHASES（三相交流电）
STALL TRQ（制动力矩）：1N·m	AMP（～）（制动力矩输入电流）：2.7A

图 10-14　发那科交流伺服电动机铭牌数据

（1）MODEL（型号）

发那科交流伺服电动机型号为 βM1/4000，β 表示电动机系列，M1 表示它的子系类，4000 表示它的最高转速为 4000r/min。

发那科伺服电动机型系列主要有 α 和 β 系列两大类，每种系列下还有很多型号，供用户选择。

（2）SPEC（规格）

发那科交流伺服电动机规格主要由一些字母和数字组成，通过规格编号，可以查找发那科交流伺服电动机产品介绍说明书，了解电动机型号、轴的特点和选用的编码器及其他信息。例如：

（3）OUTPUT（电动机输出功率）

输出功率表示交流伺服电动机在工作状态下运行时，转轴上所能输出的机械功率，单位为 W 或 kW。

（4）VOLT（电动机工作电压）

工作电压是指伺服电动机在工作状态下运行时，定子绕组规定使用的线电压，单位为 V 或 kV。

（5）AMP（～）（电动机工作电流）

工作电流是指交流伺服电动机在工作状态下运行时，电源输入电动机绕组的线电流，由伺服放大器提供给交流伺服电动机，单位为 A。

（6）FREQ（频率）

交流伺服电动机工作频率是指输入交流伺服电动机的交流电频率，它是由伺服放大器提供给交流伺服电动机的，单位是 Hz。

（7）SPEED（转速）

转速表示电动机在额定状态下运行时的速度，以每分钟的转数表示，单位为 r/min。

（8）AMP.INPUT（～）（伺服放大器输入参数）

交流伺服电动机的起动与停止需要伺服放大器来控制，而且交流伺服电动机的型号和伺服放大器的型号必须相对应。伺服放大器输入参数的正确性是保证交流伺服电动机工作的前提。

（9）POWER FACTOR（功率因数）

每种电动机系统均消耗两大功率，分别是真正的有用功（单位：W）及电抗性的无功（单位：var）。功率因数是有用功与总功率的比值。功率因数越高，有用功与总功率的比值就越大，系统运行越有效率。

（10）INS.CLASS（绝缘等级）

电动机的绝缘等级是指其所用绝缘材料的耐热等级，有 A、E、B、F、H 级，分别表示电动机工作环境温度最高允许温升为 105℃、120℃、130℃、155℃、180℃。

（11）STALL TRQ（制动力矩）

电动机制动力矩是指电动机在脱离三相交流电时，为了让电动机能够急停，加在电动机上的一个反作用力矩。

（12）AMP（～）（制动力矩输入电流）

制动力矩输入电流是指伺服放大器输入交流伺服电动机制动力矩的电流。

3．交流伺服电动机的工作原理

当交流伺服电动机的绕组接入相应的电源电压时，伺服电动机内部会产生磁场，交流伺服电动机在没有控制电压时，定子内部只有励磁绕组产生的脉动磁场，转子静止不动；当有控制电压时，定子内便产生一个旋转磁场，转子沿旋转磁场的方向旋转，在负载恒定的情况下，电动机的转速随控制电压的变化而变化，当控制电压的相位相反时，伺服电动机反转。

任务实施

1. 准备工具、仪表及器材

1）工具：验电笔、螺钉旋具、尖嘴钳、斜口钳、剥线钳等常用电工工具，扳手、手锤、尼龙线、钢直尺等。

2）仪表：兆欧表、万用表、钳形电流表等。

3）器材：完成本任务所需器材如表 10-6 所示。

表 10-6　所需器材

序号	名称	型号	规格	数量
1	三相交流电源		380V	
2	电动机起动设备	自定		1
3	交流伺服电动机	发那科或自定		1
4	联轴器		与电动机和工作机械配套	1
5	电动机安装台		与电动机配套	1
6	伺服放大器	发那科	与伺服电动机型号配套	1
7	动力线		接头与电动机和伺服放大器配套	1
8	数据传送线		接头与电动机和伺服放大器配套	1

2. 认识伺服电动机结构与铭牌

了解交流伺服电动机的结构，查看伺服铭牌，将伺服电动机型号、输出功率等数据填入表 10-7 中。

表 10-7　伺服电动机铭牌数据记录

	型号		输出功率 /kW	
伺服电动机铭牌	工作电压 /V		工作电流 /A	
	接法		转速	
	编码器型号		绝缘等级	

3. 检查与检测伺服电动机

新安装的交流伺服电动机在安装前要做一些必要的检查，这是避免交流伺服电动机在运行中发生故障的重要措施之一。

1）消除交流伺服电动机外部和内部的灰尘及杂物。

2）检查：检查交流伺服电动机是否能够正常使用。

① 在安装前，检查伺服放大器与电动机型号是否配套，检查安装在伺服放大器上的动力线和数据传送线是否正确，如图 10-15 所示。

② 用手转动电动机转子，检查电动机转子转动是否灵活。

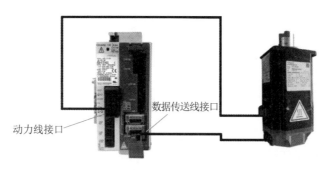

图 10-15 交流伺服电动机与伺服放大器连接示意图

视频 11：用万用表检测伺
服电动机的接线端

视频 12：用兆欧表测量定
子绕组对地（外壳）的绝
缘阻值

3）检测：检测交流伺服电动机定子绕组绝缘电阻是否符合要求。

一般情况下，交流伺服电动机的检测和三相交流异步电动机的检测方式是一样的，对于工作电压 500V 以下的交流伺服电动机可用 500V 的兆欧表进行测量。但是在实际中，由于很多交流伺服电动机的接线在其内部已经接好了，只有电源接头，因此在这种情况下，只需要测量定子绕组对地（机壳）绝缘阻值即可。当交流伺服电动机的绝缘阻值小于 1MΩ 时，无法继续使用，必须马上更换；当交流伺服电动机的绝缘阻值为 1～10MΩ 时，老化加剧，绝缘已不良，必须定期检查；当交流伺服电动机的绝缘阻值为 10～100MΩ 时，开始老化，当前使用没有问题，但必须定期检测；当交流伺服电动机的绝缘阻值为 100MΩ 以上时，绝缘良好。

① 测量前先检查兆欧表是否能正常使用。

② 定子绕组对地（机壳）绝缘的测量。将兆欧表接线柱 E 的接线与电动机机座连接，接线柱 L 的接线接在交流伺服电动机的引线端 U、V、W 中的任意一端，然后摇动兆欧表的手柄，使兆欧表转速达到 120r/min 再进行测量。

4）将检测结果填入表 10-8 中。

表 10-8 交流伺服电动机检测记录

机械检查	用手转动电动机转子，电动机转子转动是否灵活（ ）		
绝缘电阻测量	兆欧表型号		兆欧表电压等级	
	绕组之间 /MΩ	U—V：	U—W：	W—V：
	绕组对地 /MΩ	U—地：	V—地：	W—地：
	检测结论	交流伺服电动机绝缘电阻是否符合要求（ ）		

4．安装伺服电动机

（1）安装基础的准备

1）清理数控实训装备上的杂物，准备好安装配件，记录配件是否齐全，并检查配件是否有瑕疵和其他问题。

2）准备好安装工具，检查工具是否符合相应的安装要求。

（2）联轴器的安装

在电动机轴上安装联轴器，安装时应注意，安装的联轴器应压紧，并用紧固螺钉拧紧，安装完成后，检查是否牢固。再把锁紧塑料环和联轴器安装在一起，如图 10-16 所示。

图 10-16　联轴器的安装

视频 13：伺服电动机的安装

（3）安装交流伺服电动机就位

1）交流伺服电动机安装时，首先确定安装方向，并对电动机安装端面进行清理，保证安装端面的清洁和安装孔内无异物。

2）固定断面的清理和检查固定端面的平整度。可以用直角尺对垂直面进行检查。

3）安装电动机时，先确定电动机安装方向，转动电动机轴，使螺杆轴连接器的锁紧端朝向正上方，电动机水平朝向螺杆方向移动，让螺杆套入螺杆联轴器内，然后用紧固螺钉固定电动机。在固定时，采用对角固定安装螺钉，勿拧得太紧，以便进行调整。检查电动机联轴器和螺杆联轴器是否平直，再把螺杆联轴器用螺钉锁紧。

5．试运行伺服电动机

（1）交流伺服电动机起动前的检查

1）再次检查交流伺服电动机与伺服放大器的型号是否相符，确认交流伺服电动机的动力接线和编码器接线是否正确。

2）检查伺服放大器的接线是否正确，接触是否良好。

3）检查机床操作设备是否良好，工作平台的螺杆是否有铁锈。

4）确认交流伺服电动机的起动方法是否合适。

（2）交流伺服电动机起动时的检查

1）接通电源后，如果发现交流伺服电动机发生自转，应立即断电，再检查交流伺服电动机的接线；伺服放大器参数设置是否有问题；周围是否有电磁干扰，使编码器反馈信号发生了混乱。

2）接通控制电源后，如果发现电动机不转、起动缓慢或发出不正常的响声等情况，应立即停机检查。若不及时断电，电动机可能在短时间内烧毁。断电后，检查电动机不转的原因，予以消除后重新投入运行。

3）对交流伺服电动机进行正反转控制，观察电动机是否按照要求实现正确的正反转，即输入正转信号时，电动机正转；输入反转信号时，电动机反转。如果出现控制信号和电动机转动方向不一致，则应停机，检查电源接线是否出错，电动机控制参数是否有问题。

4）起动后应注意观察电动机和机床的工作情况，如果发现异常情况，则应立即停机检查。

（3）交流伺服电动机在运行中的检查

具体操作与任务 10.1 中的"三相交流异步电动机运行中的检查"相同，这里不再赘述。

任务评价

交流伺服电动机的安装与调试评分记录表如表 10-9 所示。

表 10-9　交流伺服电动机的安装与调试评分记录表

序 号	任 务	评价项目		评价标准	配 分	得 分	备 注
1	准备和使用工具、仪表及器材	工具、仪表及器材准备齐全，使用规范		工具、仪表及器材准备不齐全，每少1件扣1分；工具、仪表及器材使用不规范，每件扣1分	5		
2	认识交流伺服电动机的结构与铭牌	交流伺服电动机铭牌数据记录		数据记录不正确，每项扣1分	5		
3	检查与检测电动机	检查电动机转子转动是否灵活		检测方法不正确或检测结论不正确，扣5分	5		
		用兆欧表检测电动机绝缘电阻	检测前对兆欧表校表	测量前没有校表，扣2分	2		
			绕组之间	测量方法不正确或检测结论不正确，扣4分	4		
			绕组对地	测量方法不正确或检测结论不正确，扣4分	4		
4	安装电动机	安装电动机		电动机安装方法不正确，扣5～10分	10		
		安装联轴器		联轴器安装方法不正确，扣5～10分	10		
		校正联轴器的位置		联轴器之间间隙过大，或安装位置不同心，扣5～10分	10		
		联轴器		联轴器安装方法不正确，或没有紧固，扣5～10分	10		
		固定交流伺服电动机		交流伺服电动机没有紧固，扣5分	5		
5	试运行电动机	交流伺服电动机起动前的检查		没有再次检查电动机铭牌电压、接法与实际要求是否相符，扣3分；没有检查起动设备与电动机之间接线是否正确，扣3分；没有检查机床设备是否良好，扣4分	10		
		伺服起动正常		交流伺服电动机起动不正常，或电动机试运行不正常，扣10分	10		
6	安全文明生产（7S）	整理		工具、器具摆放整齐	1		
		整顿		工具、器具和各种材料摆放有序、科学合理	1		

续表

序　号	任　务	评价项目	评价标准	配　分	得　分	备　注
6	安全文明生产（7S）	清扫	实训结束后，及时打扫实训场地卫生	2		
		清洁	保持工作场地清洁	2		
		素养	遵守纪律，文明实训	2		
		节约	节约材料，不浪费	2		
		安全	人身安全，设备安全	否定项		
总　分				100		
开始时间		结束时间		实际用时		

任务拓展

1. 步进电动机的结构

步进电动机又称脉冲电动机，是数字控制系统中的执行元件。它是将电脉冲信号转变为电动机角位移或线位移的开环控制元件。通过控制输入步进电动机脉冲信号的频率和脉冲数，能够实现对步进电动机转动、停止的控制，即给电动机加一个脉冲信号，电动机转过一个角度。

步进电动机主要由定子和转子两部分组成。静止部分称为定子，旋转部分称为转子。步进电动机的外形如图 10-17 所示。

（1）定子

定子是用来产生旋转磁场的。定子一般由机座、定子铁心和定子绕组三部分组成。

1）机座。机座主要用于支承定子铁心和固定端盖，其外表还具有散热作用，其外形一般为长方体结构。

2）定子铁心。定子铁心是步进电动机磁路的一部分，由硅钢片叠压而成，其特点为铁心是对称的凸极结构，在面向气隙的铁心表面有齿距相等的小齿，如图 10-18 所示。

图 10-17　步进电动机的外形

（a）定子铁心

（b）硅钢片

图 10-18　定子铁心和硅钢片

3）定子绕组。定子绕组是步进电动机定子的电路部分，定子每极上套有一个集中绕组，相对两极的绕组串联构成一相。步进电动机可以做成二相、三相、四相、五相、六相、八相等。

图 10-19　步进电动机转子

（2）转子

转子是电动机的转动部分。它的功能是带动其他机械设备旋转。转子由转子铁心和转轴两部分组成。

步进电动机的转子铁心类似于齿轮结构，表面均匀分布多齿，并且转子具有永磁性，便于步进电动机的转速控制和旋转角度控制。步进电动机转子如图 10-19 所示。

（3）其他附件

其他附件包括端盖、轴承、轴承盖、接线端等。

2. 步进电动机的工作原理

通常步进电动机的转子为永磁体，当电流流过定子绕组时，定子绕组产生一矢量磁场。该磁场会带动转子旋转一个角度，使转子的一对磁场方向与定子的磁场方向一致。当定子的矢量磁场旋转一个角度时，转子也随着该磁场转一个角度。每输入一个电脉冲，电动机转动一个角度。它输出的角位移与输入的脉冲数成正比，转速与脉冲频率成正比。改变绕组通电的顺序，电动机就会反转。因此，可用控制脉冲数量、频率及电动机各相绕组通电顺序的方法来控制步进电动机的转动。

步进电动机的工作原理如图 10-20 所示，当 A 相通电时，A 方向的磁通经转子形成闭合回路。若转子和磁场轴线方向原有一定角度，则在磁场的作用下，转子被磁化，吸引转子，当转子 1、3 与定子 A 相绕组的齿对齐时则停止转动，如图 10-20（a）所示；同理，当 B 相通电时，转子 2、4 与定子 B 相绕组的齿对齐时停止转动，如图 10-20（b）所示；当 C 相通电时，转子 1、3 与定子 C 相绕组的齿对齐时停止转动，如图 10-20（c）所示。

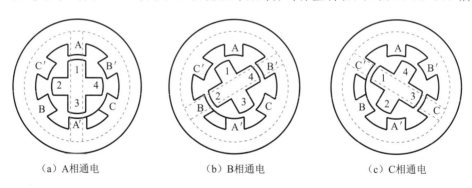

（a）A相通电　　　　　　　　（b）B相通电　　　　　　　　（c）C相通电

图 10-20　步进电动机的工作原理

思考与练习

一、判断题

1. 三相异步电动机的额定温升，是指电动机额定运行时的额定温度。　　（　　　）

2. 异步电动机的额定功率，是指在额定运行情况下，从轴上输出的机械功率。

（　　　）

3．异步电动机按转子的结构形式分为笼形和绕线形两类。　　　　（　　）

4．异步电动机按转子的结构形式分为单相和三相两类。　　　　　（　　）

5．三相异步电动机定子的极数越多，则转速转高，反之越低。　　（　　）

6．伺服电动机的功能是将输入的电信号转换为电动机轴上输出的角速度或角位移。　　　　　　　　　　　　　　　　　　　　　　　　　　　　　（　　）

7．交流伺服电动机铭牌上功率因数越高，则电动机运行效率越低。（　　）

8．交流伺服电动机转子结构形式主要分为笼形和空心杯形两类。　（　　）

9．交流伺服电动机定子绕组由励磁绕组和控制绕组两部分组成。　（　　）

10．交流伺服电动机编码器按照工作原理可分为增量式和绝对式。（　　）

二、选择题

1．一台三相异步电动机，其铭牌上标明额定电压为 220/380V，其接法应是（　　）。

A．Y/△　　　　B．△/Y　　　　C．△/△　　　　D．Y/Y

2．一台三相异步电动机的额定电压为 380/220V，接法为 Y/△，其绕组额定电压为（　　）。

A．220V　　　　B．380V　　　　C．400V　　　　D．110V

3．三相异步电动机额定电流是指其在额定工作状况下运行时，电源输入电动机定子绕组的（　　）。

A．相电流　　　B．电流有效值　　　C．电流平均值　　　D．线电流

4．异步电动机由（　　）两部分组成。

A．定子和转子　　　　　　　　　B．铁心和绕组

C．转轴和机座　　　　　　　　　D．硅钢片与导线

5．对称三相绕组在空间位置上应彼此相差（　　）。

A．60°电角度　　　　　　　　　B．120°电角度

C．180°电角度　　　　　　　　　D．360°电角度

6．交流伺服电动机定子一般由（　　）组成。

A．机座、定子铁心　　　　　　　B．机座、定子绕组

C．机座、定子绕组　　　　　　　D．机座、定子铁心和定子绕组

7．一台交流伺服电动机的绝缘等级为 F，则它的允许温升为（　　）。

A．105℃　　　　B．120℃　　　　C．130℃　　　　D．155℃

8．交流伺服电动机转子与普通电动机转子相比，应具有（　　）两个特点。

A．电阻大和转动惯量小　　　　　B．电阻小和转动惯量小

C．电阻小和转动惯量大　　　　　D．电阻大和转动惯量大

9．交流伺服电动机由（　　）三部分组成。

A．定子、转子和编码器　　　　　B．机座、铁心和绕组

C．转轴、机座和编码器　　　　　D．硅钢片、导线和编码器

10．交流伺服电动机励磁绕组和控制绕组之间的位置差为（　　）。

A．60°　　　　B．90°　　　　C．120°　　　　D．150°

三、简答题

　　1. 三相笼形异步电动机主要由哪几部分组成？各部分的作用是什么？

　　2. 三相异步电动机的铭牌有什么用途？说明铭牌上主要的数据是哪几个。

　　3. 交流伺服电动机主要由哪几部分组成？各部分的作用是什么？

　　4. 交流伺服电动机的铭牌有什么用途？说明铭牌上主要的数据是哪几个。

参 考 文 献

崔陵, 2014. 电子基本电路装接与调试 [M]. 北京：高等教育出版社.

人力资源和社会保障部教材办公室, 2014. 维修电工技能训练 [M]. 5 版. 北京：中国劳动社会保障出版社.

邵展图, 2010. 电工基础 [M]. 5 版. 北京：中国劳动社会保障出版社.

王照清, 2005. 维修电工（初级）[M]. 北京：中国劳动社会保障出版社.

张龙兴, 2006. 电子技术基础 [M]. 2 版. 北京：高等教育出版社.

张孝三, 2010. 电工技术基础与技能（电气电力类）[M]. 北京：科学出版社.